普通高等教育“十四五”规划教材
普通高等学校动物医学类专业系列

动物医学专业本科生规模化农场实习指导

张国中　主编

中国农业大学出版社
·北京·

内 容 提 要

本书理论结合实践，从动物医学专业本科生中、高年级阶段规模化农场实习的各个方面介绍农场实习的各个环节以及不同的农场所必须了解与掌握的关键知识点，且点面结合，是一本立体讲述规模化农场实习的指南书。本书可作为本科生、研究生教材，也可供研究人员及其他相关从业者使用。本书适合本科中、高年级使用，在知识结构上有承上启下的衔接性，在使用时可以结合所在年级的相关专业知识（教材、教辅）进行拓展与补充。

图书在版编目(CIP)数据

动物医学专业本科生规模化农场实习指导 / 张国中主编. --北京：中国农业大学出版社，2022.7

ISBN 978-7-5655-2739-5

Ⅰ.①动… Ⅱ.①张… Ⅲ.①兽医学-高等学校-教学参考资料 Ⅳ.①S85

中国版本图书馆 CIP 数据核字(2022)第 037603 号

书　　名	动物医学专业本科生规模化农场实习指导		
作　　者	张国中　主编		
策划编辑	张　程	**责任编辑**	张　程
封面设计	郑　川		
出版发行	中国农业大学出版社		
社　　址	北京市海淀区圆明园西路 2 号	**邮政编码**	100193
电　　话	发行部 010-62733489,1190		读者服务部 010-62732336
	编辑部 010-62732617,2618		出　版　部 010-62733440
网　　址	http://www.caupress.cn	**E-mail**	cbsszs@cau.edu.cn
经　　销	新华书店		
印　　刷	北京鑫丰华彩印有限公司		
版　　次	2022 年 7 月第 1 版　　2022 年 7 月第 1 次印刷		
规　　格	185 mm×260 mm　　16 开本　　9 印张　　225 千字		
定　　价	39.00 元		

图书如有质量问题本社发行部负责调换

编写人员

主　编　张国中　中国农业大学

编　者（按姓氏笔画为序）

马　翀　中国农业大学
马国明　北京中农榜样蛋鸡育种有限责任公司
王永强　中国农业大学
王继凤　中国农业大学
李　靖　中国农业大学
张　欣　中国农业大学
张国中　中国农业大学
周　磊　中国农业大学
赵　烨　中国农业大学
赵　鹏　山东农业大学
徐　庆　东方马都(天津)有限公司
郭　刚　北京首农畜牧发展有限公司
黄秀英　北京市华都峪口禽业有限责任公司
曹瑞兵　南京农业大学
薛　佳　中国农业大学

前　　言

从狭义上讲，兽医是进行与动物诊疗一系列相关工作的从业人员，兽医工作者的本质是为畜牧养殖业服务。随着中国经济向新时代全面迈进，新形势下的兽医内涵得到不断延伸，兽医的作用和地位不断得到提升，服务范围也不断扩大，从过去单纯诊治动物疾病发展到保护动物健康、提高动物福利、保护环境安全、保障食品安全、维护公共卫生等多个方面。兽医学作为一门古老而又长新的学科，如何解决兽医事业发展中面临的新任务、新问题、新挑战？基础是人才培养。兽医教育责任在肩，任重道远。

动物医学专业是一个实践性很强的专业。其实验、实践教学需要先进的实验仪器设备、足够的教学实践基地、大量供学生提高实践动手能力的畜禽和实验动物，以及持续投入的经费作为保障。加大对动物医学专业的教学投入，根据专业特点对本科生进行规范化的规模化农场实践教育，采取切实有效的措施提高本科生的动手能力和解决生产实际问题的能力，是提高动物医学专业教育水平和质量的出路之一。

本书对动物医学专业本科生5年学习过程中需要进行的规模化农场实习环节进行了系统的梳理，深入剖析了动物医学专业本科生规模化农场实习的全过程，为动物医学专业本科生教学实践的培养工作提供指导。

由于编写时间紧、编者水平有限，书中难免存在不足，恳请同行及其他读者在参考使用过程中提出宝贵意见和建议，以便再版时加以修订和补充。

编　者

2021年9月

目　录

第1章

总 论

The first chapter

The first chapter

The first chapter

The first chapter

一、实习目的

农场实习是动物医学专业本科教育的重要教学环节，是教学计划的重要组成部分，也是本科生接触社会、了解社会、理论与实践相结合的重要学习环节。要求动物医学专业本科生进行规范化和系统化的规模化农场实习，目的在于通过实习活动加强对动物医学专业知识的认知和理解，对未来工作中可能遇到的实际问题充分了解并能够运用理论知识进行解决，在实践过程中充实与扩展理论教学内容，同时锻炼和增强实际动手能力和团队协作意识，在农场实习的条件和氛围下激发同学的实践意识和创新精神，学生热爱劳动、熟悉专业、开阔视野、获得生产实际知识和技能，巩固和理解所学理论，并为后继课程学习提供感性知识。

二、实习方案

实习安排在本科三年级或四年级进行，实习方式以班级为单位进行分组(15～30 人/组)，由本专业教师带队，轮流前往规模化鸡场、猪场、牛场、马场进行集中实习，时长分别为鸡场 2～3 周、猪场 2～3 周、牛场 2 周、马场 1 周。

三、教学要求

在实习过程中，坚持以教师为主导和以学生为主体的原则，在农场实行双导师制，选派教学经验丰富，对农场实践教育各个环节比较熟悉，有一定组织能力的教师带队指导学生实习，同时聘请校外规模化养殖场技术人员作为校外导师，以农场养殖过程中的实际问题为载体，将校内所学各学科的纵向“知识线”加以连接和沟通，形成“纵横交错的知识网络”，在解决实际问题的过程中将解剖学、生理与病理学、微生物学、营养学、生物化学、诊断学、药理学、传染病学、寄生虫学等多门学科融会贯通，贯彻因材施教和因地施教，实事求是，根据学生兴趣的不同有效地培养多规格人才。

四、管理制度

(一)指导教师职责

(1)带队教师要以身作则，言传身教，加强对学生的政治思想教育，并认真抓好学生的学习、生活、健康和安全，以保证农场实习的顺利进行。

(2)实习导师要按照规模化农场实习大纲的要求，拟定实习进展计划，包括实习地点、实习内容和要求、实习程序和时间分配、实习报告内容及时间安排等。

(3)校内导师负责组织学生学习实习大纲和具体实习计划，明确实习目的和要求，了解时间安排和步骤，布置写实习日记和报告，校外导师负责介绍规模化农场的情况及实习注意事项，明确安全保护要求和实习纪律。

(4)在实习期间，要积极开展各种教与学的活动，引导学生认真观察、思考、总结、理论联系实际；要布置一定的作业，对学生严格要求，加强指导，及时检查学生的实习日记，指导学生完成实习报告，保证完成实习大纲的要求。

(5)严格执行考勤制度，对违反规定或犯有其他错误的学生，带队教师(或校外导师)应及时给予批评教育，对情节严重、影响极坏者，带队教师有权停止其实习，责令返校，并向班主任、家长及学院进行通报。

(6)指导教师在实习期间要积极主动地与实习农场的校外导师建立密切的联系和融洽的协作关系,争取实习单位最大的指导和帮助。同时注意宣传和扩大学院的影响,使实习基地具有稳定性。

(7)实习结束后,指导教师要做好实习总结工作。应与校外导师共同对实习质量进行分析和评估,并征求实习单位及学生改进实习的意见,提出实习工作建议和综合改进措施。要认真做好有关资料的整理、归档工作,实习总结及相关资料报教务处备案。

(二)学生纪律

(1)农场实习不得免修,成绩不合格者予以结业,不予颁发毕业证书。

(2)参加实习的学生必须按照实习指导的要求,在实习导师的指导下全面完成实习任务。

(3)实习学生必须听从实习导师的安排,必须严格遵守所在实习单位的规章制度和纪律,特别要遵守保密制度和安全操作规程。

(4)学生擅自不参加实习的或实习期间缺勤超过规定时间的1/3,除按学院考勤规定处理外,本次实习不计成绩,给予1次补修机会,如不合格则按结业处理。

五、医德教育

实习中的兽医医德教育是协助学生在兽医医疗实践中按照兽医医德原则和规范,在自我意识的基础上,不断进行自我教育、自我分析、自我检查、自我评价的过程。兽医医德修养只有建立在高度自觉性的基础上才有意义。医德信念的形成,医德情感的培养,医德意志的锻炼,医德习惯的养成,是一个长期而艰巨的实践过程。

在实习过程中帮助学生树立正确的世界观、人生观和价值观。现代意识的人生观和价值观强调人生存的权利和尊严,更强调人生存的价值,而这些又必须和个体对社会尽责、奉献联系在一起。一个兽医人员有了正确的人生观,才能明确人为什么活着,怎样生活才有意义,才能身体力行去遵循兽医医德规范的要求。

实习可培养学生坚持慎独、内省和自律的精神。慎独是道德修养所要达到的一种极高的境界。内省就是自我反省,经常反躬自问。在兽医医疗活动中不断克服错误的道德观念,树立正确的道德观念,是一个自我净化灵魂的过程。人们不仅要在有人监督的场合自律,而且要在无人监督的时候自律。道德的本质是自律,是自我约束。不因善小而不为,不因恶小而为之。通过自律和内省达到慎独的最高道德境界。

在实习过程中,学生努力践行,不断完善自我。兽医医德修养离不开生产实践活动,只有在实践中,在同动物、兽医和养殖场人员的相互关系中才能发生行为的善恶,才能做出医德的判断。离开兽医医疗实践,兽医人员就不可能正确地认识主观世界并进行有效的改造,兽医医德修养便成了一句空话。在这个过程中,要引导学生勇于自我批评,善于接受别人的意见,严于剖析自己,时时注意纠正不符合兽医医德规范的行为,不断追求完美的兽医道德规范。

六、组织领导

作为实习工作的重要保证,各级领导要对规模化农场实习给予高度重视。全院实习工作由主管本科生教学的副院长负责,教务工作人员负责实习教学协调,教学质量的抽查,各系要有专门负责实习工作的领导抓日常实习工作。每年实习结束后,各系要认真总结工作,组织经验交流,寻找实习中存在的问题,制定改进措施,定期向主管副院长汇报实习情况,以保证农场实习的教学质量。

第2章

规模化蛋（种）鸡场实习指导

The second chapter
The second chapter
The second chapter
The second chapter

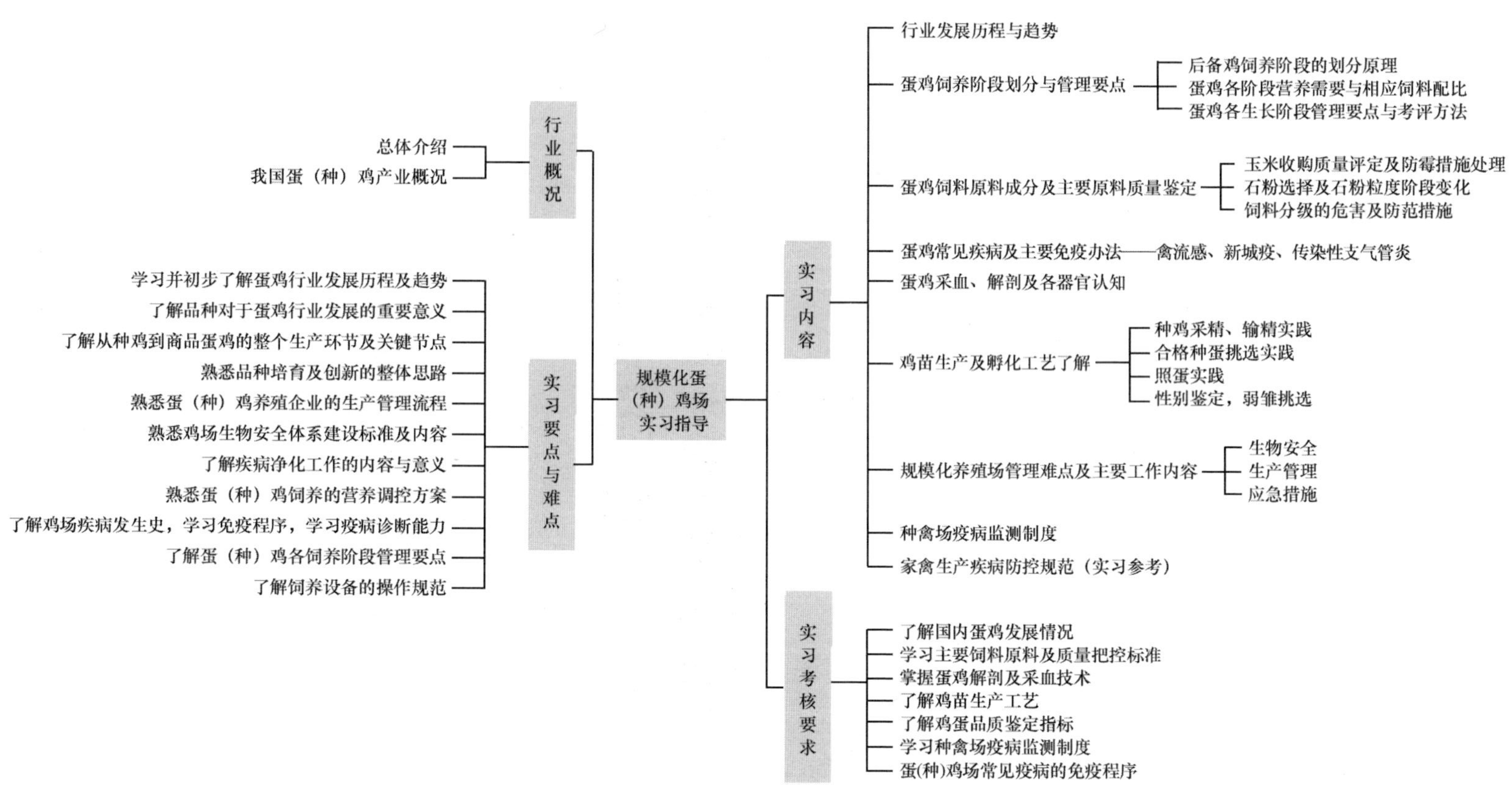
规模化蛋（种）鸡场实习指导
行业概况
总体介绍
我国蛋（种）鸡产业概况
实习要点与难点
学习并初步了解蛋鸡行业发展历程及趋势
了解品种对于蛋鸡行业发展的重要意义
了解从种鸡到商品蛋鸡的整个生产环节及关键节点
熟悉品种培育及创新的整体思路
熟悉蛋（种）鸡养殖企业的生产管理流程
熟悉鸡场生物安全体系建设标准及内容
了解疾病净化工作的内容与意义
熟悉蛋（种）鸡饲养的营养调控方案
了解鸡场疾病发生史，学习免疫程序，学习疫病诊断能力
了解蛋（种）鸡各饲养阶段管理要点
了解饲养设备的操作规范
实习内容
行业发展历程与趋势
蛋鸡饲养阶段划分与管理要点
后备鸡饲养阶段的划分原理
蛋鸡各阶段营养需要与相应饲料配比
蛋鸡各生长阶段管理要点与考评方法
蛋鸡饲料原料成分及主要原料质量鉴定
玉米收购质量评定及防霉措施处理
石粉选择及石粉粒度阶段变化
饲料分级的危害及防范措施
蛋鸡常见疾病及主要免疫办法——禽流感、新城疫、传染性支气管炎
蛋鸡采血、解剖及各器官认知
鸡苗生产及孵化工艺了解
种鸡采精、输精实践
合格种蛋挑选实践
照蛋实践
性别鉴定，弱雏挑选
规模化养殖场管理难点及主要工作内容
生物安全
生产管理
应急措施
种禽场疫病监测制度
家禽生产疾病防控规范（实习参考）
实习考核要求
了解国内蛋鸡发展情况
学习主要饲料原料及质量把控标准
掌握蛋鸡解剖及采血技术
了解鸡苗生产工艺
了解鸡蛋品质鉴定指标
学习种禽场疫病监测制度
蛋(种)鸡场常见疫病的免疫程序

一、行业概况

(一)总体介绍

我国是全球鸡蛋第一大生产国和消费国,自1985年开始鸡蛋产量连续居于世界首位。我国蛋鸡产业的养殖模式经历了四个发展阶段:第一阶段,20世纪80年代以前,传统农户散养模式。第二阶段,20世纪80年代至90年代中期,专门化养鸡场(户)模式。第三阶段,20世纪90年代中期至21世纪初,"公司+农户"模式成为行业发展潮流。第四阶段,21世纪初至今,"一体化生产基地模式""公司+农户""专门化养殖场(户)"并存。我国蛋鸡养殖模式的发展促进了蛋鸡养殖水平的不断提高,鸡蛋生产已基本满足国内鸡蛋消费的需求。目前我国蛋鸡行业已基本完成了良种化、专业化、设施化和市场化,形成了较为完善的业内分工体系。将朝着"适度规模化、管理家庭化、模式农场化、生产专业化、服务社会化、产品品牌化"等方向发展。

(二)我国蛋(种)鸡产业概况

我国商品代蛋鸡养殖主体仍以中小规模养殖场(户)为主,蛋鸡产业总体呈现"小规模、大群体"的行业格局。近十年来,商品代蛋鸡产业迅速转型发展,大量小规模蛋鸡养殖场(户)关闭,退出蛋鸡养殖行业,同时也新增了一批大规模现代化蛋鸡生产一体化企业,如正大集团、北京德青源等,呈现出明显的规模化、标准化养殖趋势。主要原因:一是我国环境保护的要求越来越高,小型蛋鸡场废弃物处理不达标的已关闭。二是鸡蛋安全生产的要求不断提高,禁止抗生素在蛋鸡生产中应用,提高了蛋鸡生产的门槛。三是我国的政策法规驱动了蛋鸡养殖场的转型升级,国家扶贫工程项目促生了一批规模化、标准化蛋鸡养殖项目,整体提升了我国蛋鸡养殖的水平。尽管大规模饲养场的数量持续增加,但大规模养殖场存栏量占全国总存栏量的比例仍然比较低。小规模、大群体的行业格局仍然没有改变。

我国蛋(种)鸡产业整体水平提升较快,主要有蛋鸡育种与制种一体化和引种与制种专业化两种类型的经营模式,蛋(种)鸡产业的集中度越来越高,饲养管理技术、技术队伍建设、品质管理、市场营销、技术服务水平和品牌建设等方面也显著提高。

二、实习目标

通过视频介绍、课程讲解、现场参观和实习实践等形式帮助学生了解中国蛋鸡行业发展现状及发展趋势,主要针对品种、疫病、营养、环境控制、生产管理等方面组织学生开展讨论,帮助学生了解行业、了解生产、了解市场,引导学生将书本知识与生产实践结合,培养学生对于行业的认知与兴趣。

三、实习要点与难点

(1)学习并初步了解蛋鸡行业发展历程及趋势。

(2)了解品种对于蛋鸡行业发展的重要意义。

(3)了解从种鸡到商品蛋鸡的整个生产环节及关键节点。

(4)熟悉品种培育及创新的整体思路。

(5)熟悉蛋(种)鸡养殖企业的生产管理流程。

(6)熟悉鸡场生物安全体系建设标准及内容。

(7)了解疾病净化工作的内容与意义。

(8)熟悉蛋(种)鸡饲养的营养调控方案。

(9)了解鸡场疫病发生史,学习免疫程序,学习疫病诊断能力。

(10)了解蛋(种)鸡各饲养阶段管理要点。

(11)了解饲养设备的操作规范。

四、实习内容

(一)行业发展历程与趋势

要求学生对蛋鸡行业有初步的认知,结合在校所学知识对蛋(种)鸡饲养有新的感性的认识。首先由带队老师对我国蛋鸡发展情况做概述讲解,之后由规模化养殖场主管带领学生分组参观场区,根据本场养殖特点与学生互动交流。主要讲解内容参考如下。

1. 行业介绍

介绍目前蛋(种)鸡行业的现状,包括品种来源、继代繁育、种蛋孵化、育雏育成、成鸡饲养、饲料加工、蛋品销售、蛋品加工、粪污处理等产业链特征,结合实习农场在产业链中所处的位置和特点,帮助学生了解行业发展历程,继而组织讨论未来行业的发展方向。

2. 品种介绍

以实习农场饲养品种为出发点,介绍目前国内外常见的蛋鸡品种,包括以海兰褐、京红等为代表的褐壳蛋鸡,以农大系列、京粉系列、罗曼粉等为代表的粉壳蛋鸡,以海兰白等为代表的白壳蛋鸡,以及包括绿壳蛋鸡在内的中国特色蛋鸡品种。以“品种-蛋品”为核心,通过介绍消费群体重点关注的鸡蛋外观、重量、新鲜度、食品安全等问题,结合市场行情波动以及养殖效益分析,加强学生对于蛋鸡行业的整体认知。

3. 饲养方式介绍

目前国内常见的蛋鸡饲养方式包括规模化养殖和家庭农场式养殖两大类。其中规模化养殖主要以笼养(“A 形”笼养、“H 形”笼养、福利笼养)为主,家庭农场式养殖主要以散养(地面、林下)为主。肉鸡、肉鸭常见的平养方式主要用于蛋鸡的育雏育成阶段。

(1)“A 形”笼养　多见于单栋 2 万只以下规模的养殖场,设备成本低,通风较好,采光均匀;但空间利用率低,需要人工较多,粪污处理难度大,整体水平较低。

(2)“H 形”笼养(图 2-1)　多见于单栋 2 万只以上规模的养殖场,设备造价高,要求精细控制温度、湿度、光照、通风等环境参数,对电子设备要求较高,空间利用率高,需要较少的人工,多数饲养环节能自动控制,整体水平较高。

(3)福利笼养(图 2-2、图 2-3)　以密闭鸡舍内的开放式笼养为主,给鸡提供更多的活动空间,整体设备技术含量和造价较高,环控难度较大,符合国际发展趋势。

(4)散养(图 2-4)　根据养殖地区的自然条件,为鸡群提供较开阔的生活场地,一般会配套鸡舍、栖架、产蛋箱、料槽、水槽等辅助设施;标准化程度较低,对自然环境有一定的破坏,鸡群野外自由采食也有一定的食品安全风险。

图 2-1　“H 形”笼养模式
(青岛兴仪电子设备有限责任公司供图)

图 2-2　福利蛋鸡笼养模式
[必达(天津)家畜饲养设备有限公司供图]

图 2-3　福利蛋鸡笼内产蛋箱
[必达(天津)家畜饲养设备有限公司供图]

图 2-4　散养蛋鸡
[必达(天津)家畜饲养设备有限公司供图]

(二)蛋鸡饲养阶段划分与管理要点

要求学生了解蛋鸡各阶段划分原理及各阶段饲养管理要点，由场区主管带学生参观后备鸡舍、产蛋鸡舍，介绍蛋鸡发育的时间节点、营养需要、环控参数等要点，并安排学生分组进行后备鸡称重，鸡群免疫、饲料加工、鸡蛋分拣等工作，学习体重均匀度、种蛋分级、产蛋率、抗体水平等指标的分析方法，结合饲养手册评价本场饲养水平，发现饲养中出现的问题。主要讲解内容参考如下。

1. 后备鸡饲养阶段的划分原理

根据蛋鸡各组织器官生长发育特点，将后备鸡群饲养划分为二或三个阶段，通过生产记录对比，让学生了解二段式、三段式育雏的优缺点。

2. 蛋鸡各阶段营养需要与相应饲料配比

结合实习农场实际饲养阶段划分情况，重点讲解能量、蛋白质、功能氨基酸、矿物元素和维生素等关键营养素在各阶段的需求和配比原则，扩展讲解饲料制备的工艺及不同形式饲料(粉料、颗粒料)的优缺点。

3.蛋鸡各生长阶段管理要点与考评方法

结合实习农场实际饲养阶段划分情况，重点讲解不同饲养阶段鸡舍内温度、湿度、光照、通风等环控参数的调节原理与方法；重点学习各饲养阶段养殖水平的考核管理办法，包括鸡群健康情况观察、弱雏（鸡）挑选、分群管理、均匀度计算、抗体水平检测、产蛋率计算、死淘率计算等；组织学生参与称重、挑鸡、免疫、转群、捡蛋、消毒等工作。

（三）蛋鸡饲料原料成分及主要原料质量鉴定

要求学生掌握蛋鸡常用饲料原料营养成分、使用功能及基本质量鉴定方法，由饲料场主管带学生到饲料生产车间，讲解本场原料饲料加工过程，各成分原料添加顺序及保存注意事项，从色泽、粒度、气味三方面对玉米、豆粕、麸皮等大宗原料进行现场感官评价，测定玉米含水量、霉变及碎粒程度。带学生进行成品饲料料仓、鸡舍料槽采样，评判饲料分级情况，主要讲解内容如下。

1.玉米收购质量评定及防霉措施处理

结合实习农场玉米收购情况，重点讲解玉米霉变、酸败对蛋鸡健康的危害，当前饲料脱霉剂使用情况，讲解新、陈玉米营养成分差异以及霉变玉米对鸡肠道消化的危害。

2.石粉选择及石粉粒度阶段变化

主要讲解当前石粉原料（贝壳粉、青石粉、白石粉）优缺点，石粉粒度及添加比例随蛋鸡日龄阶段性调整原理，石粉采购主要评判指标及优质石粉与劣质石粉的区别。

3.饲料分级的危害及防范措施

主要讲解饲料分级对蛋鸡的危害，讲述各种类型的混料设备、输送设备、饲喂设备对饲料分级的影响，组织学生采样，找到产生饲料分级的环节并讲述本场饲料分级防范措施。

（四）蛋鸡常见疾病

禽流感、新城疫、传染性支气管炎、鸡传染性法氏囊病。

（五）蛋鸡采血、解剖及各器官认知

要求学生掌握蛋鸡采血、解剖、现场初步诊断的基本方法，本学习内容由场内兽医对准备好的活鸡进行现场采静脉血示范，学生两人一组学习采血技术，一人固定，一人采血，之后轮换，兽医讲述采血意义及采血后处理。采血环节结束后，兽医在实操中讲述宰杀方法，各器官采样方法，在解剖过程中讲述呼吸道、消化道、生殖系统疾病主要病变，讲述疾病初步诊断方法。

（六）鸡苗生产及孵化工艺了解

要求学生对鸡雏孵化生产流程有一个简单的了解，先由孵化场主管对场区分布进行介绍，按照种蛋库、照蛋室、孵化厅、出雏厅、鉴别厅和发雏厅的顺序参观讲解，讲解孵化器、出雏机的控制参数及雌雄鉴别要点，让学生有感性认识。根据实习时间安排，还可以选择以下拓展实践内容。

1. 种鸡采精、输精实践

实习学生分小组，由蛋(种)鸡场主管带入鸡舍，讲解公鸡采精、母鸡输精操作规范及注意事项，观看现场员工采精、输精工作流程，之后由员工协助进行鸡的抓取与保定，学生两人一组进行采精、翻肛、输精操作实践。公鸡有较强的攻击性，学生采精时要注意安全，防止被啄伤。

2. 合格种蛋挑选实践

首先由蛋库主管讲解畸形蛋、破壳蛋、沙皮蛋、钢壳蛋、暗纹蛋等不合格种蛋对孵化鸡苗的危害，讲解本场种蛋挑选标准，之后学生每人带一个小手电，对一托盘种蛋进行照蛋、分拣工作，将挑出来的不合格种蛋进行分类，蛋库主管结合现场检出的不合格种蛋情况讲解其产生原因及控制措施。

3. 照蛋实践

由孵化场主管带学生到照蛋室，讲解照蛋方法，死胚蛋成因及受精率、孵化率计算方法，之后学生两人一组，进行照蛋工作，挑出未受精种蛋，照蛋结束后计算受精率。

4. 性别鉴定，弱雏挑选

由孵化主管，根据当天发雏品种讲解性别鉴定方法(快慢羽，金银羽)，讲解弱雏判断标准，之后学生分组，每组学生 1 盒鸡苗进行性别鉴定和弱雏挑选，将挑选的弱雏放在一起，由主管讲解弱雏形成原因，带领学生解剖鸡苗，验证性别鉴定准确性。

(七)规模化养殖场管理难点及主要工作内容

1. 生物安全

由鸡场兽医主管讲解蛋(种)鸡场制定生物安全管理制度的目的、意义和具体包含内容，如何根据鸡场自身特点构建鸡场的科学可行的生物安全体系。最后要求学生根据生物安全管理制度，从进场门口开始身体力行执行每一项制度，提出自己的看法和改进措施。

2. 生产管理

由厂长讲解鸡场布局，科学的蛋(种)鸡场需要的人员配置和个人分工；饲养员每天工作内容，在饲养鸡群过程中如何根据鸡群日龄调整温度、湿度、密度、通风和采光，严格按照程序执行鸡场内外消毒和日常免疫等工作。

3. 应急措施

为防止重大生产安全事故发生，完善应急管理机制，保护员工人身和公司财产安全，每个养鸡场都有自己制定的标本预案，通过成立指挥小组着力用于解决鸡场着火、突然停电、危化品使用、设备事故以及人员受伤等突发事件。

(八)种鸡场疫病监测制度

兽医检测实验室主任讲解鸡场常规抗体检测、蛋传性疾病监测和鸡白痢、禽白血病净化的目的，以及如何建立各项检测的标准方法和程序。由兽医实验室人员示范每项检测内容的具体操作步骤和结果判定，以及最终如何将数据和生产结合起来，用数据指导生产，向生产主管提供合理化建议，考核每位实习同学操作是否合格，能否独立进行分析检测数据。

(九)蛋(种)鸡场常见疫病的免疫程序

蛋(种)鸡场常见疫病的免疫程序见表 2-1。

表 2-1　蛋(种)鸡场常见免疫程序

免疫时间	疫苗	疫苗	接种方式	剂量:羽份
1 d	La Sota+4/91	新城疫传支二价活疫苗	喷雾	1.2
	HVT-VP2+CVI988	马立克+传染性法氏囊	颈部皮下	1
3 d	Coccivac	球虫	滴口	0.8
5 d	REO1133	病毒关节炎活	颈中下 1/3	0.2 mL
10 d	POX	鸡痘	右翅皮	1
	ND+H9	新流二联灭活疫苗	颈中下 1/3	0.3 mL
15 d	La Sota+QX	新城疫传支二价活疫苗	左眼	1
	H5+H7	禽流感 H5+H7 二联三价	右胸皮	0.3 mL
6 周	VG/GA	新城疫活苗	右眼	1
	H5+H7	禽流感 H5+H7 二联三价	右胸皮	0.5 mL
	ND+H9	新流二联灭活疫苗	左胸皮	0.5 mL
8 周	IC	传鼻三价	颈皮	0.5 mL
	MG	支原体	左胸肌	0.5 mL
10 周	La Sota+4/91	新城疫传支二价活疫苗	左眼	1
	H5+H7	禽流感 H5+H7 二联三价	右胸肌	0.5 mL
	REO K	病毒关节炎油	右胸肌	0.5 mL
12 周	ILT	传喉	右眼	1
	ND K	新城疫油苗	左胸肌	0.5 mL
	AE+POX	脑炎+鸡痘	右翅皮	1
14 周	ND+H9	新流二联灭活疫苗	左胸	0.5 mL
	EDS-76	减蛋	右胸	0.5 mL
18 周	La Sota+QX	新城疫传支二价活疫苗	左眼	1
	MG	支原体	右胸	0.5 mL
	IC	传鼻三价	颈皮	0.5 mL
19 周	ND+H9	新流二联灭活疫苗	左胸	0.5 mL
	ND+IBD+IB+REO	新支法关油苗	右胸	0.5 mL
21 周	H5+H7	禽流感 H5+H7 二联三价	右胸	0.5 mL
23 周	ND+H9	新流二联灭活疫苗	左胸	0.5 mL
26 周	La Sota+QX	新城疫传支二价活疫苗	喷雾	1.5 倍
38 周	H5+H7	禽流感 H5+H7 二联三价	左胸肌	0.5 mL
	ND+IBD K	新法油苗	右胸	0.5 mL
40 周	ND+H9	新流二联灭活疫苗	左胸皮	0.5 ml

注:1. 该免疫程序不是固定不变的,会因疫病流行情况、季节及鸡群的抗体变化而改变。2. 定期进行 ND-HI 抗体监测,使得育成期 HI 抗体 6 以上,离散度不超 5;产蛋期 HI 抗体 7 以上,离散度不超 4。3. 要使鸡群 AIHI(H5+H9)保持在 7 以上。

五、实习考核要求

(1)了解国内蛋鸡发展情况。
(2)学习主要饲料原料及质量把控标准。
(3)掌握蛋鸡解剖及采血技术。
(4)了解鸡苗生产工艺。
(5)了解鸡蛋品质鉴定指标。
(6)学习种禽场疫病监测制度。

六、思考题

(1)目前蛋鸡行业主要疾病有哪些,如何预防?

(2)若你是个体经营老板,结合国内市场情况,你计划选择在哪里建场,选择何种饲养方式,并说你选择的原因。

(3)若你毕业后计划在规模化蛋鸡或种鸡场从业,相对来讲你最希望从事哪些岗位工作,为什么?

(4)超市鸡蛋品类多种多样,若你去购买,你会挑选哪一款,为什么?

(5)你所实习的规模场存在哪些问题?若你是管理者,计划如何解决?

(6)疾病净化在企业中的投入成本是怎样的?

七、家禽生产疾病防控规范(实习参考)

(一)蛋鸡场选址、布局与鸡舍设计

1. 选址

场址选择应遵循无公害、生态化、可持续发展和便于防疫的原则,从地形地势、土壤、交通、电力、物资供应及与周围环境的配置关系等多方面综合考虑。距离主要交通干线和居民区 500 m 以上,且与其他家禽养殖场及屠宰场距离 1 000 m 以上。选址要符合用地规划,畜牧法规定的区域。畜牧法第四十条,禁止在下列区域内建设畜禽养殖场、养殖小区:①生活饮用水的水源保护区,风景名胜区,以及自然保护区的核心区和缓冲区。②城镇居民区、文化教育科学研究区等人口集中区域(文教科研区、医疗区、商业区、工业区、游览区等人口集中地区)。③法律、法规规定的其他禁养区域(《畜禽养殖业污染防治技术规范》中规定:新建改建、扩建的畜禽养殖场选址应避开规定的禁建区域,在禁建区域附近建设的,应设在规定的禁建区域常年主导风向的下风向或侧风向处,场界与禁建区域边界的最小距离不得小于 500 m)。平原地区应选在较周围地段稍高的地方,以利于排水防涝,地面坡度以 1%～3%为宜。靠近河流、湖泊的地区,选址应比当地水文资料中的最高水位高 1～2 m。山区建场选在缓坡向阳,坡度宜在 8%以内。通风要良好,利于防暑和排除舍内污浊空气。

2. 基础设施

水量要充足,满足场内人、动物的饮用和生产、管理用水需要。每只鸡每天需水量约是采食量的 2 倍。水质要良好,满足无公害食品畜禽饮用水水质标准。鸡场设水塔,并用水净化剂进行消毒,定期取水样检测,符合《无公害食品畜禽饮用水水质》标准。用电方面,应靠近输电

线路，尽量缩短新线铺设距离，同时要求电力安装方便及电力能保证 24 h 供应。必要时必须自备发电机来保证电力供应。畜牧场要求有二级供电电源。如为三级供电电源，需自备发电机（一级供电：中断将会有人身伤亡事故，重大的政治影响或重大的经济损失，或公共场所秩序严重混乱，会出现以上情况的用电单位都属于一级负荷供电，一级负荷应由两个电源供电。二级供电：中断供电时会有政治影响或经济损失，或公共场所秩序的混乱，这样的用电单位属于二级负荷供电，二级负荷宜由两个电源供电。三级供电：对中断供电没有特殊要求，凡不属于一级、二级负荷者均为三级供电）。道路方面，有专用车道直达鸡场，路宽满足会车需要；路面硬化，满足最大承载要求。

3. 鸡场布局

首先，要利于生产。鸡场的总体布置首先要满足生产工艺流程的要求，按照生产过程的顺序性和连续性来规划和布置建筑物，便于管理，利于生产。其次，要利于防疫。场区可分生活区、办公区、辅助生产区、生产区和污粪处理区等区域。按主导风向，地势高低及水流方向依次为生活区、办公区、辅助生产区、生产区和污粪处理区。如地势与风向不一致时则以主导风向为主。生活区最好自成一体，距办公区和生产区 30 m 以上。办公区与辅助生产区相连，有围墙隔开。生活与办公建筑包括办公室、食堂、宿舍、娱乐室、会议室、大门等。辅助生产区包括消毒门、澡堂、饲料库、饲料加工间、蛋库、修理间、配电室、水塔、蓄水池、水泵房和化验室。生产区有育雏舍、育成舍和蛋鸡舍。污粪处理区应在主风向的下方，与生活区保持较大的距离。另外还包括焚烧炉、污水及粪便处理设施等。

此外，料道是饲养员从料库到鸡舍运输饲料的道路，粪道是鸡场通向化粪池的道路。粪道不能与料道混在一起，否则易暴发传染病。

4. 鸡舍设计

（1）开放式鸡舍　开放式鸡舍只有简易顶棚，四壁无墙或有矮墙，冬季用尼龙薄膜围高保暖。其优点是鸡舍造价低，炎热季节通风好，通风和照明费用省。其缺点是占地多，鸡群生产性能受外界环境影响较大，疾病传播机会多。

（2）半开放式鸡舍　半开放式鸡舍有窗户，全部或大部分靠自然通风、采光，舍温随季节变化而升降。其优点是鸡舍造价低，设备投资少，照明耗电少。缺点是占地多，饲养密度低，防疫较困难。

（3）密闭式鸡舍　密闭式鸡舍一般是使用隔热性能好的材料构造房顶和四壁，不设窗户，只有能遮光的进气孔和排气孔，舍内小气候通过各种调节设备控制。这种鸡舍的优点是减少了外界环境对鸡群的影响，有利于采取先进的饲养管理技术和防疫措施。其缺点是投资高，要求较高的建筑标准和性能良好而稳定的附属设备；耗费电力较多，而且一定要有稳定、可靠的电力供应。

（4）地下鸡舍　利用密闭式鸡舍设计原理，因地制宜，利用坑洼地形建设而成。采光系统为人工光照＋可调自然光照，利用地热资源＋湿垫＋纵向通风，控制舍内温、湿度和空气成分，粪污通过提升系统排出舍外，避免环境污染。

附：鸡舍建筑与鸡笼型号参数（1 万只规模蛋鸡舍建筑）

(1)产蛋鸡舍：坐北朝南，长 65 m，跨度 4 m，双坡式屋顶结构，屋顶密封不设窗，下层加保温隔热层，建筑外檐高 3.6 m，侧墙开窗，墙体加保隔热板层。前端工作道(净道端)宽 3 m，尾端工作道(污道端)宽 2 m，笼具间走道宽 1 m。3 列 4 走道，4 层阶梯笼，每列 28 组，共 84 组，单列笼长 56 m，鸡笼架跨度 2.4 m。单栋饲养量可达 10 080 只。鸡舍净道端外部的南侧设料塔，北侧设贮蛋间；鸡舍污道端外部设粪沟，长 8 m，宽 1.5 m，深 1 m，舍内粪沟深 40～60 cm。

(2)育雏育成舍：坐北朝南，每栋鸡舍长 45 m，跨度 11.4 m，双坡式屋顶结构，屋顶密封不设窗，顶层加保温隔热层，内部吊顶，舍内地面距离吊顶 2 m，建筑外檐高 2.5 m，侧墙设紧急通风口，为全封闭式，墙体加保温隔热板层，墙体表面的内外均有水泥、白灰抹面。前端工作道(净道端)宽 3 m，尾端工作道(污道端)宽 2 m，笼具间走道宽 1 m。3 列笼具 4 走道，每列 20 组笼具，共 60 组，单列笼长 40 m，鸡笼架跨度 2.4 m，单栋饲养量可达 10 800 只。鸡舍净道端外部的南侧设 9 m^2 料塔；鸡舍污道端外部设粪沟，长 5 m，宽 1.5 m，深 1 m，舍内粪沟深 40～60 cm。

(3)鸡笼型号：产蛋鸡笼，9LDT-4120 型 4 层阶梯式牵引行车喂料蛋鸡笼，整组笼具(长×宽×高)规格为 2 m×2.4 m×1.9 m，每组笼具有 8 个单笼，每组鸡笼的饲养量为 120 只。每个单笼尺寸(长×宽×高)为 1.96 m×0.35 m×0.38～0.35 m，每条单笼包括 5 个门，每门可养殖 3 只鸡。

(4)育雏鸡笼：选用 9WCD-3180 型 3 层阶梯式牵引行车喂料育雏。育成笼，整组笼具规格(长×宽×高)为 1.98 m×2.627 m×1.995 m，每组笼具 8 个单笼，每组鸡笼的饲养量为 180 只。每个单笼尺寸(长×宽×高)为 1.95 m×0.62 m×0.39 m，每条单笼包括 3 个门，每门可养殖 10 只鸡。

(二)设施与设备

1. 通风设备与方式

通风设备有湿帘、风机和电风扇。电风扇(图 2-5)主要有吊扇和圆周扇。电风扇一般作为自然通风的辅助设备，安装的位置与数量视鸡舍、棚舍的具体情况和饲养量而定。通风方式包括自然通风和机械通风(图 2-6 至图 2-8)。

(1)自然通风　依靠自然风(风压作用)和舍内外温差(热压作用)形成的空气自然流动，使鸡舍内外空气得以交换。需要注意的是对窗口加网拦阻鸟类和鼠类进入鸡舍产生危害(图 2-6)。

(2)机械通风　依靠机械动力强制进行鸡舍内外空气的交换。按风机类型分为正压通风、负压通风和正压负压混合通风 3 种方式。根据禽舍内气流组织方向分为横向通风和纵向通风。横向通风的风机和进风口分别均匀布置在鸡舍两侧纵墙上，空气从进风口横穿禽舍，由对侧墙上的排风扇抽出。由于横向通风风速小，死角多等缺点，一般采取纵向通风方式。纵向通风排风机全部集中在鸡舍污道端的山墙上或山墙附近的两侧墙上，将其余的门和窗全部关闭，使进入鸡舍的空气均沿鸡舍纵轴流动，由风机(图 2-7、图 2-8)将舍内污浊空气排出舍外，纵向通风设计的关键是鸡舍内产生均匀的高气流速度，并使气流沿鸡舍纵轴流动，因而风机宜设于山墙的下部。

2.喂料设备

喂料方式包括行车式喂料、播种机式喂料和链条式喂料。

(1)行车式喂料　优点是喂料均匀、节省时间、减轻养殖户劳动力，解决了人工喂料时产生的喂料不均匀、易洒等人工喂养缺点。缺点是成本高、能耗大，对鸡舍的建筑要求较高。

(2)播种机式喂料　具有播种机式喂料机具有布料均匀、噪声小、节能、节约饲料、节省人工时间、运行平稳、速度快等优点。

图 2-5　通风设备

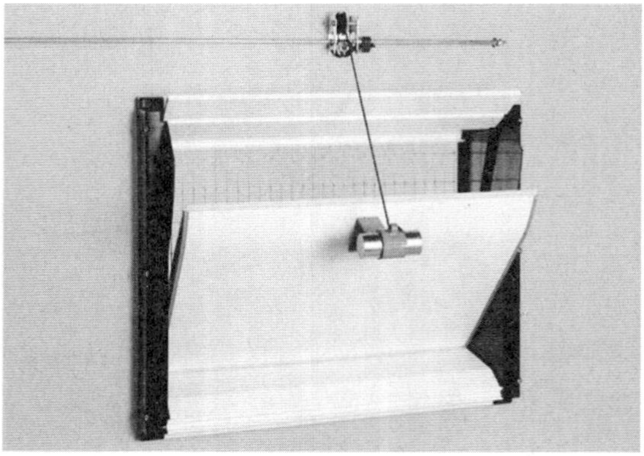

图 2-6　侧墙通风小窗

[必达(天津)家畜饲养设备有限公司供图]

图 2-7　尾端风机

[必达(天津)家畜饲养设备有限公司供图]

图 2-8　屋顶风机

[必达(天津)家畜饲养设备有限公司供图]

(3)链条式喂料　应用于平养和笼养成鸡舍。由料箱、链环、长饲槽、驱动器、转角轮和饲料清洁器等部件组成。链环经过饲料箱时将饲料带至食槽各处。

料槽主要供开食及育雏早期(0～2 周龄)使用。食盘上要盖料隔，以防止鸡把饲料刨出盘外。面积大小视雏鸡数量而定，一般每只喂料盘可供 80～100 只雏鸡使用。一般使用镀锌板和硬塑料板等材料制成，使用安装方便、成本低。所有食槽边口都应向内弯曲，以防止鸡采食时挑剔将饲料溢出槽外。根据鸡体积大小不同，食槽的高和宽要有差别，雏鸡食槽的口宽

10 cm 左右，槽高 5～6 cm，底宽 5～7 cm；大雏或成鸡用的食槽口宽 20 cm 左右，高 10～15 cm，底宽 10～15 cm，长度 1～1.5 m。

贮料塔(图 2-9)一般在鸡舍的一端或侧面，用 1.5 mm 厚的镀锌钢板冲压而成，其上部为圆柱形，下部为圆锥形，圆锥与水平面的夹角应大于 60°，以利于排料和喂料，还具有防潮、防霉、防止鼠害等优点。

图 2-9　贮料塔

[必达(天津)家畜饲养设备有限公司供图]

3. 饮水设备

(1)槽式饮水器　深度一般为 50～60 mm，上口宽 50 mm。有 V 形和 U 形水槽，V 形水槽通常由镀锌铁皮做成，U 形水槽可用塑料做成，呈长条状，挂于鸡笼或围栏之前，优点是易于清刷，防止腐蚀。饮水时需要用铁丝网罩盖住，以防鸡进入水槽内。缺点是水易受到污染，易传播疾病，耗水量大。

(2)杯式饮水器　分为阀柄式和浮嘴式两种。阀柄式饮水设备主要由杯体、杯舌、销轴、顶杆和密封帽等组成。杯体和杯舌由塑料制成，杯舌后壁与顶杆接触处镶有不锈钢薄片，以增加杯舌的使用寿命。杯舌通过销轴安装在杯体内，杯体后部有一个直径 2.2 mm 的通孔，用以安装顶杆，同时作为供水通道。螺纹后部为光滑的锥面，用来与橡胶密封帽配合实现密封。一般情况下，水的压力使密封帽紧贴于杯体锥面，阻止水流入杯内。当鸡喝水时，将杯舌下啄，杯舌即流入杯体，实现自动供水的目的。当鸡喙离开杯舌不再饮水时，水压会使各部件恢复原位，使水不再流入杯体。

(3)乳头式饮水器(图 2-10)　乳头式饮水器利用了毛细管原理，使阀杆底部经常保持挂有一滴水。当鸡只啄水滴时可触动阀杆顶开阀门，水便自动流出。平时依靠供水系统对阀体顶部产生的压力，使阀体紧压在阀座上，实现密闭，防止漏水。乳头式饮水器的优点是节约用水更有利于防疫，并且不需要清洗，经久耐用，不需要经常更换。其缺点是每层鸡笼均需设置减压水箱，不便进行饮水免疫，对材料和制造精度要求较高。

4. 光照控制设备

光照控制设备一般采用电子光照控制器，根据设定，自动调节光的明暗，设定开启和关闭时间，自动补充光源等，从而控制鸡的采食饮水、生长发育、产蛋。避免光照过强造成鸡群的应激。

5. 集蛋设备

规模化、机械化、信息化的集蛋装置(图 2-11、图 2-12)是一条从生产鸡舍到鸡蛋成品车间连续作业的流水设备。其中包括鸡蛋的采集，鸡蛋的分级以及成品鸡蛋的清洗包装。

图 2-10　乳头式饮水器

图 2-11　集蛋设备
［必达（天津）家畜饲养设备有限公司供图］

图 2-12　自动化集蛋设备
［必达（天津）家畜饲养设备有限公司供图］

6. 消毒设施（图 2-13）

（1）消毒池　车辆消毒池深 0.3～0.5 m，宽度根据进出车辆的宽度而定，一般为 3～5 m，长度为使车辆轮子在池中药液内滚过至少一周，通常为 5～9 m，池边应高出消毒液 0.05～0.1 m。消毒池上方最好建顶棚。常用消毒液 2%～3%的氢氧化钠溶液或 5%的甲酚皂溶液（来苏儿），每 3～4 d 更换 1 次。北方冬季消毒池应有防冻措施。

（2）火焰消毒　主要用于地面、笼具等消毒。适用于一些在高温下不发生变质和变形的物品，如金属、陶瓷、玻璃器皿的消毒。干烤箱内的温度宜控制在 160～170 ℃，时间 60～150 min。

（3）高压蒸汽灭菌法　灭菌条件有 115 ℃，30 min；121 ℃，20 min；126 ℃，10 min。

7. 养殖设备

笼具有普通育雏笼、育雏伞和电热育雏笼。

（1）普通育雏笼（图 2-14）　笼具规格（长×宽×高）：1.4 m×0.7 m×0.35 m；底网规格：1 cm×1 cm。

图 2-13　消毒设施

图 2-14　普通育雏笼

［必达(天津)家畜饲养设备有限公司供图］

(2)育雏伞　在供电保证地区的大小型鸡场,平面饲养方式的雏鸡,普遍采用电热育雏伞。保温伞内装有电热丝,调温设备等,可随雏鸡日龄所需的温度进行调节。育雏鸡数,按育雏器面积大小而定,一般每伞 300～500 只雏鸡。

(3)电热育雏笼　每一层均由一个加热器,一个保温笼和若干个活动笼组成,每层活动笼是相通的。育雏笼通常用 2.0～2.2 mm 的冷拔钢丝加工焊接成各种尺寸的网。然后经镀锌、镀塑进行防腐处理,再与笼器、食槽、加热、加湿、温度控制器、承粪盘等组装成育雏笼。育雏笼的底网为平面不设倾斜度,网眼尺寸为 12 mm×15 mm,前网和后网的网眼尺寸为25 mm×25 mm,前网的栏栅间距应能在 15～20 mm 之间调节。育成笼(长×宽×高)规格为 1.95 m×0.45 m×0.4 m,由 3 个小笼组成,小笼规格为(长×宽×高) 0.64 m×0.45 m×0.4 m,每小笼的密度一般 6～7 只/笼。鸡笼有阶梯、半阶梯、层叠等形式。种公鸡笼规格一般为(长×宽×高)30 cm×45 cm×50 cm,单笼单饲;种母鸡笼规格一般为(长×宽×高)39 cm×45 cm×50 cm,每笼饲养 3 只。

(三)生物安全防控技术

严格的生物安全防控措施可阻断病原微生物进入场区或在场区内传播,保护易感鸡群,减少疫病发生,使养殖者获得好的生产成绩和经济效益,也确保畜禽产品质量安全。生物安全防控关键措施主要有以下几方面。

1.合理规划和布局

养殖场规划和布局合理可保证养殖环境不受污染,为养殖动物提供良好的饲养管理条件,是做好生物安全防控的前提。场区选址应符合《中华人民共和国畜牧法》和《动物防疫条件审查办法》的要求,远离居民区、学校、工厂、交通要道和畜禽养殖加工厂等,建立在地势高燥、背风向阳、通水通电、水源充足、水质达标、排水方便的地方;场区周围建有围墙;出入口处设置与门同宽的消毒池,生产区与生活办公区严格分开,并有隔离措施;生产区入口处设置更衣消毒室,饲养舍出入口处设置消毒池或消毒垫;生产区净污道严格分开,防止交叉污染,各饲养舍之间距离在 5 m 以上或有隔离设施;场区内地面应全部硬化或铺设 10～15 cm 石子,做好防虫、防鸟和防鼠措施。

2. 完善的卫生防疫规章制度

建立完善的卫生防疫规章制度，是做好生物安全防控的基础。养殖场负责人应周密思考，融合成功的生物安全防控经验，制定出符合自家鸡场的卫生防疫规章制度，并且时刻督促养殖场员工严格执行。规模化鸡场的卫生防疫制度主要包括鸡苗的购进制度、空舍期卫生清洁和消毒制度、场区人员、物品及车辆管理制度、场区及鸡舍日常清洁卫生和消毒制度、粪污及病死鸡无害化处理制度、疫情处置及上报制度等。

3. 选购优质的商品鸡苗

商品鸡苗的质量参差不齐，劣质鸡苗常携带支原体、沙门菌等垂直传播疾病，若贪图便宜，选购劣质鸡苗，则会引起疫病暴发，造成损失。应选择有一定规模、饲养环境好、种鸡品种纯正、具有种畜禽生产经营许可证的正规企业生产的鸡苗，挑选眼睛明亮、活泼好动、反应灵敏、绒毛干燥稠密、脐部吸收良好的健康雏鸡。

4. 严格做好消毒与环境卫生管理

卫生清洁与消毒是消灭病原微生物的最有效方法，是减少和杜绝疫病传播的重要途径，也是生物安全防控的重要措施。养殖场应严格执行各环节卫生防疫和消毒制度，为鸡生长提供健康的生存环境。

(1)空舍期的卫生清洁与消毒　主要目的是清除和切断上批鸡病原微生物残留。空舍期通常为 2～3 周。鸡出栏后，鸡舍和场区应彻底清扫消毒，严格采用“五步”消毒法，即清扫、冲洗、喷洒消毒、熏蒸消毒、空舍干燥。清理鸡舍时特别要注意做好饮水系统的卫生清洁和消毒。

(2)饲养期的卫生清洁与消毒　主要目的是防止场外病原微生物进入鸡场。①场区进出车辆、物品和人员消毒。鸡场入口处设置的消毒池一定要真正投入使用，对进出车辆和物品严格消毒。外来人员如有特殊原因需要进场，必须沐浴更衣消毒后才可进入。②场区的环境消毒与卫生清洁。建议在鸡舍两侧挖 30 cm 的深沟，以防止冲洗鸡舍的污水乱流，将污水控制在一定范围内便于消毒。场内餐厅、宿舍、会议室等公共场所应勤打扫、消毒，保持卫生清洁。③鸡舍内的环境消毒与卫生清洁。鸡舍门口消毒池应每天更换消毒液，进入鸡舍的饲养人员应穿戴干净和已消毒的衣服，使用消毒过的工具，饲养人员严禁串舍，物品要专舍专用，不得互借。鸡舍每周带鸡消毒 1～2 次，每 2～3 周更换一次消毒液，通常使用 0.2%～0.3%次氯酸钠、0.1%的新洁尔灭和 0.1%过氧乙酸消毒液。④饮用水的卫生清洁与消毒。饮用水污染有两种情况：一是饮用水中病原微生物超标；二是长期在饮水中添加维生素 C、微生态制剂等营养性饲料添加剂，导致水管内壁形成生物膜。养殖场工作人员应定期检测场区及水线水质，可在鸡舍的进水管上安装消毒系统，按比例在水中加入消毒剂，但免疫前后应禁止投放消毒剂，以免降低免疫效果。饮用水常使用的消毒剂主要有次氯酸钠和过氧乙酸等。

5. 严格做到粪污及病死鸡无害化处理

粪污及病死鸡可携带大量病原微生物，处理不当，可形成传染源，造成疫病传播，不但给养殖业生物安全带来隐患，还会污染空气、水质和土壤。粪污及病死畜禽无害化处理问题是目前政府和人民群众广泛关注的焦点，也是养殖场生物安全防控措施的重点和难点。

目前，鸡场粪便无害化处理主要采用堆积发酵、生产有机肥和沼气发电三种。污水处理主要通过鸡场建设三级沉淀池以达标排放。中小规模场普遍采用粪便堆积发酵和污水三级沉淀的粪污处理方式，大型规模场多采用生物发酵生产有机肥和沼气发电进行处理。病死鸡无害化处理主要采用焚烧、深埋、化制、与粪便混合堆积发酵四种方式，焚烧和深埋是规模养鸡场最常用的两种方式,大型鸡场还可将病死鸡粉碎与粪便混合发酵或进行沼气发电(图 2-15 至图 2-17)。

图 2-15　粪污无害化处理

[必达(天津)家畜饲养设备有限公司供图]

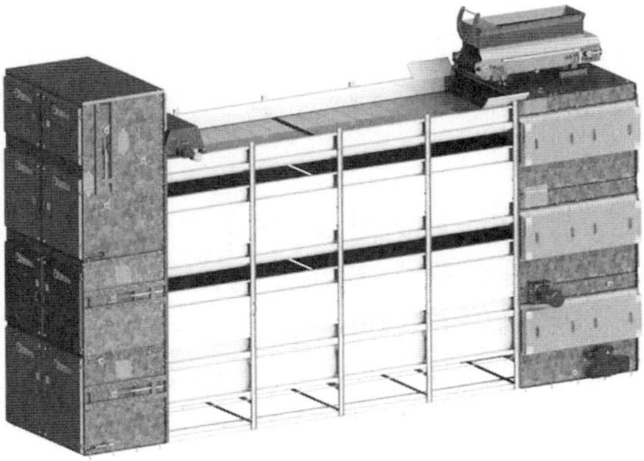

图 2-16　鸡粪烘干机

[必达(天津)家畜饲养设备有限公司供图]

图 2-17　废气处理器

[必达(天津)家畜饲养设备有限公司供图]

6.合理的免疫预防措施

目前,传染性疾病仍是鸡场的主要威胁,免疫接种是预防和控制传染病的主要措施。应做好以下五点:

(1)免疫程序应根据本地区、本场疫病的发生情况,流行特点,疫苗特性及免疫检测结果等合理、科学制定。

(2)免疫程序具有相对稳定性,若实践应用效果好,尽量避免更改;若在应用中仍发生传染病流行,则应查明原因,适当调整和改进。

(3)定期对免疫抗体水平进行监测,掌握疫苗对鸡群的免疫效果,以便及时改进免疫计划,完善免疫程序。

(4)市场上销售的疫苗质量差别较大,应选择正规企业生产的疫苗,尤其在选择冻干疫苗时,应选择使用 SPF 鸡胚生产的疫苗。

(5)严格遵守疫苗的运输、贮存和使用规定,避免因操作不当造成免疫效果下降,甚至免疫失败。

7.严格做到全进全出

对于中小规模鸡场来说,全进全出都能做到,但对于大型规模场而言,由于养殖规模大,通常做不到在一天内接完雏鸡,因此,建议最好在三天内结束接雏工作,出栏时间也要尽量缩短在两天内,以避免由于抓鸡队进入而引入病原。

8.强化养殖场从业人员培训

养殖场管理者、饲养员、后勤等从业人员是生物安全防控工作的具体参与实施者,应加强生物安全防控知识学习,可采取外出参观、实践操作训练和理论知识学习等培训方式,增强从业人员的防控意识,明确防控的具体措施,可将生物安全防控工作与考核机制挂钩,建立奖惩制度,全场上下齐心合力,共同营造良好的生物安全防控氛围。

(四)免疫及给药规范

1.疫苗保存与使用

(1)灭活疫苗保存与使用方法

①保存:长期保存的温度应为 2~8 ℃,最佳保存温度为 15 ℃左右;运输和保存期间应避光、严禁冻结,远离热源。

②使用注意事项:在使用前 1~2 h,先将油剂苗放在鸡舍内,使其温度逐渐升至室温后一次性连续使用。

(2)冻干苗保存与使用方法

①保存:一般保存温度为-10 ℃以下,避免反复冻融。

②使用注意事项:疫苗被稀释后,如气温在 15 ℃以下,应在 6 h 内用完;如气温在 15~27 ℃,则应在 3 h 内用完。

2.免疫方法

(1)饮水免疫　操作方便,工作量小,省时省力,是养鸡生产中常用的一种免疫接种方法。可用深井水或凉开水,按说明浓度进行稀释。1 L 水添加 0.3%~0.5%的脱脂奶粉,饮水的器皿可用瓷器和无毒塑料容器。为了让鸡只有一定的口渴感,应提前 2~3 h 停止供水,确保鸡只在半小时内将疫苗稀释液饮完。

(2)喷雾免疫 喷雾免疫可节省大量的劳力,如操作得当,效果较好,但喷雾免疫也容易引起鸡群的应激,尤其容易激发慢性呼吸道病。喷雾免疫雾滴直径以100~150 μm为宜。

(3)注射免疫 注射法分为肌内注射、皮下注射。肌内注射分胸肌注射、腿肌注射和翅膀肌内注射3种。采用注射免疫时应注意以下问题:

①注射免疫前后2~3 d多维饮水。

②免疫油剂苗时,一要预温,二要摇匀。

(4)滴鼻、点眼、刺种和点嘴 ①滴鼻:用专用稀释液或灭菌蒸馏水稀释疫苗,疫苗要完全吸收,滴头与鸡体不能直接接触。稀释好的疫苗液需在30 min内用完。②点眼:滴眼后,等鸡做完一个眨眼动作,待药液完全进入眼中,吸收后再松手,否则药液只停留在眼球表面,很容易在鸡甩头时把药液甩出去。③刺种:刺种部位在鸡翅翼膜内侧中央,严禁刺入肌肉、血管、关节等部位;疫苗液必须浸过刺种槽;刺种针应垂直向下刺入;稀释的疫苗要在1 h内用完。④点嘴:稀释疫苗应用生理盐水,咸味可促使鸡下咽;对较大的鸡应使用连续注射器;不要直接向咽喉部位滴灌,防止鸡咳出,而影响免疫效果;滴嘴前后,应停止饲喂1 h。

(五)饲养管理技术

1.雏鸡的饲养管理

(1)育雏前的准备 从具有种畜禽生产经营资质的种鸡场购买雏鸡,血缘清楚,符合本品种的配套组合要求,无垂直传染疾病。选择工厂化养鸡,环境条件好,不受季节性影响,实行分批进雏,一年四季均衡生产。

(2)雏鸡的运输 接运的时间越早越好。即使是长途运输也不要超过48 h,最好在24 h内将雏鸡送人育雏舍内。夏季运输宜在日出前或傍晚凉快的时间进行,冬季和早春宜在中午前后气温相对较高的时间启运,防止颠簸。

(3)雏鸡的饮水与开食 到达雏鸡舍30 min之内饮水,初饮水需添加葡萄糖、抗菌药物、多种维生素等。雏鸡出壳后的第一次喂料称为开食,初饮后即可开食。开食料新鲜,颗粒大小适中,营养丰富,易于啄食,易消化。

(4)育雏期的日常管理 第一次精确断喙的最佳时间为6~10日龄。于10~12周龄时修喙,主要针对漏切、喙长、上下喙不齐等。

断喙注意事项:断喙的前后2 d应在料中或水中加入电解多维等抗应激药物,额外补充维生素K,每1千克饲料添加5 mg,连用3~4 d以利于止血。断喙后2~3 d,料槽饲料厚变5 cm为宜。饮水深度1 cm以上。在断喙期间,不进行接种免疫。

2.育成鸡的饲养管理

(1)育成鸡培育目标 健康无病,体重符合该品种的标准,肌肉发育良好,无多余的脂肪,骨骼坚实,体质良好。

(2)饲养管理要点

①饲养方式:网上平养和笼养。

②饲养密度:饲养密度满足3方面要求,即每1 m^2只数、采食位置、饮水位置。

网上平养:6~12周龄10~11只/m^2;13~20周龄6~8只/m^2。

笼养:6~12周龄24只/m^2;13~20周龄14~16只/m^2。

(3)限制饲喂　控制性成熟的速度,避免早熟现象,防止脂肪过早沉积,不可把鸡养肥,肥鸡不产蛋。

(4)光照控制　合理的光照能控制鸡的性成熟时间。育成期的光照原则:满足采食、饮水需要。光照减少,延迟性成熟,使鸡的体重在性成熟时达标,以提高产蛋潜力;增加光照,缩短性成熟时间,使鸡适时性成熟。

(5)抽测体重　每周末抽测体重,测量跖长,根据体重、跖长和均匀度对育成方案进行调整。

3. 产蛋鸡的饲养管理(图 2-18)

(1)春季　加强营养、保温、通风、防止疫病流行。

(2)夏季

①降温:利用湿帘,风扇等,降低鸡舍内温度。

②减少鸡舍受到的辐射热和反射热:为防止阳光直射,可在鸡舍周围种植低矮草坪和花荫树木,但不要影响通风。

③加大鸡舍内的换气量和气流速度。不同温度,蛋鸡每千克体重的通风量也不同。

④及时清粪,保持舍内清洁。

(3)秋季

①补充人工光照,处理好保温通风关系,淘汰停产鸡只。

②强制换羽:强制换羽有化学法、激素法和畜牧学法等 3 种方法。

注意要点为:

A. 选择换羽时间。在秋冬之交的季节进行强制换羽的效果最好,这与自然换羽的季节相一致。

B. 挑选健康的鸡。强制换羽对鸡只来说是十分苛刻、残酷的手段。因此,必须把病弱的个体挑出,只选临床上健康的鸡进行强制换羽。

C. 据产蛋率而定。产蛋率低于 50%时进行强制换羽为好。

D. 切忌连续换羽。切忌连续强制母鸡换羽和强制公鸡换羽。已结束换羽的母鸡不应再进行强制换羽。

E. 清扫环境卫生。当对平养鸡实行强制换羽时,应注意及时清扫脱落的羽毛和其他杂物,防止鸡只因饥饿而啄食这些东西而引起消化道疾病。

F. 增加微量元素。为提高强制换羽效果,换羽后喂食的鸡饲料中多种维生素及微量元素可比换羽前适量增加。

③增加光照:光照时间缩短,会导致产蛋率的下降和提前换羽。应保证蛋鸡每天有 16 h 左右的光照,在产蛋后期还可增加 1～2 h。光照的补充在早、晚各一次为好。

④驱虫、预防接种。

(4)冬季　防寒保温。处理好通风与保温的关系,补充光照,加强营养。

图 2-18　蛋鸡场环控

(青岛兴仪电子设备有限责任公司供图)

4. 饲料与营养

(1)饲料与鸡蛋、鸡肉产品的化学组成　饲料与肉蛋产品均由化学元素组成,包括碳、氢、氧、氮、钙、磷、钾、纳、氯、镁、硫等常量元素和铁、铜、钴、锰、锌、硒、碘、铬、氟等微量元素。其中,碳、氢、氧、氮4种元素主要构成有机化合物。无论是饲料,还是鸡蛋、鸡肉以及整只鸡体内的化学元素,绝大部分不是以游离状态单独存在,而是相互结合形成复杂的有机化合物和无机化合物。

(2)影响饲料营养成分含量和性质的因素

①饲料种类与品种。不同种类饲料的营养物质组成和含量差异较大,如玉米等谷实类饲料淀粉含量很高;豆、粕、饼类及其动物性饲料(鱼粉、血肉粉等)则含蛋白质较丰富,品质也最好;青饲料含较高水分和多种维生素。相同种类,不同品种营养成分及其含量也差异较大。如黄玉米含有丰富胡萝卜素,而白玉米中则很少。

②收获期。幼嫩时的水分、蛋白质、维生素等含量较高,随着逐渐成熟,蛋白质、胡萝卜素、水分、维生素含量降低,粗纤维、木质素含量升高。

(3)提高蛋白质利用率的措施

①日粮中饲料的搭配要多样化:不同的饲料,蛋白质的含量不同,氨基酸的比例也不同。把这些饲料合理地搭配,可起到氨基酸互补的作用,使日粮氨基酸接近平衡,从而提高蛋白质的利用率。如玉米等谷物中的赖氨酸含量较低,而豆粕中的赖氨酸含量很高,将玉米与豆粕配合能达到赖氨酸的互补作用。花生仁饼与豆饼搭配能使赖氨酸、精氨酸互补。

②使用氨基酸添加剂:目前,在生产上应用的氨基酸添加剂主要是赖氨酸添加剂和蛋氨酸添加剂,以*L*-赖氨酸盐酸盐、*DL*-蛋氨酸等形式添加。另外,有时也需要补充少量的色氨酸和苏氨酸等。

③日粮中的蛋白质与能量要有适当的比例:在饲料养分消化代谢过程中,不同种类、生理状态、生产水平的鸡对能量和蛋白质的需要各有一定的比例。在被吸收的蛋白质中,有70%～80%用以合成体组织蛋白和产品蛋白,20%～30%用以分解供能。实践中必须合理地确定日粮中蛋白质与能量之间的比例,尽量地减少由蛋白质直接氧化供能。试验证明,当日粮满足需要,蛋白质不足时,则会造成机体的能量浪费;当蛋白质充足,而能量不足时,鸡就会分解蛋白质来供给能量。其结果是由于分解了部分氨基酸而导致氨基酸不平衡,降低了蛋白质的利用率。

④消除饲料中的抗营养因子:如生豆类与生豆饼中含有的抗胰蛋白酶影响了蛋白质的消化吸收,经过蒸煮或焙炒后可使其失去活性。应注意加热的温度不能太高,一般控制在130 ℃以下,如在110 ℃下,经3 min,否则会导致蛋白质中赖氨酸的消化率降低,蛋白质品质下降。

⑤补充与蛋白质代谢有关的维生素及微量元素:补充维生素A、维生素D、B族维生素及铁、铜等。

⑥添加剂的使用:在饲料中添加一些活性物质,如蛋白酶制剂、代谢调节剂、促生长因子以及维生素等,能改善饲料蛋白质的品质,并能提高饲料蛋白质的利用率。

(4)饲料蛋白质的品质与评价

①品质优良的蛋白质是指含有全部的必需氨基酸,而且必需氨基酸在数量和比例上都接近鸡只需要的蛋白质。

②品质不良的蛋白质所含有的必需氨基酸在数量上不足或比例不当。这种蛋白质消化率

低，氨基酸不平衡，蛋白质利用率较低。

在生产实践中，选择饲料时要注意饲料的品质，并多选用一些饲料，使各种饲料相互搭配，取长补短，以达到氨基酸平衡。在实践中，除了考虑蛋白质的数量、比例外，在评价蛋白质的品质时还要注意饲料蛋白质中氨基酸的相互作用。如饲料中的赖氨酸过量会影响精氨酸的吸收而导致精氨酸的缺乏，这种作用称为氨基酸的拮抗作用。

(5)碳水化合物与鸡的营养　碳水化合物俗称糖，是供给鸡能量的主要营养物质。一般情况下，鸡只所需要的能量80%左右都来自碳水化合物。碳水化合物广泛地存在于植物性饲料中，大多占植物体干物质的3/4以上。由于碳水化合物来源广泛，成本低廉，是鸡只生产中主要的能量供给源。

(6)脂肪与鸡的营养　一般鸡的饲料都需要高能量高蛋白，通常需要在饲粮中添加油脂。除了直接供给能量外，在饲粮中添加油脂还可改善饲料的适口性，延长饲料在消化道的停留时间，有利于其他营养物质的消化吸收，高温季节还可减轻鸡的热应激反应造成的不良影响。试验表明，在饲粮中添加油脂还能显著提高鸡的生产性能并降低饲养成本，尤其对肉鸡效果更为显著。研究表明，在日粮中添加适量的油脂能显著提高肉鸡的日增重和饲料转化率，改善肉质，缩短饲养周期，提高经济效益。另据报道，在产蛋鸡日粮中添加油脂(主要以植物油为主)可促进蛋黄的形成，增加蛋重，并可能生产出富含亚油酸的“营养蛋”。

(7)矿物质元素与鸡营养　在动物营养研究中，依靠现代分析技术发现了动物体中的矿物质元素60多种。它们广泛地分布于动物全身各组织，具有重要的营养作用。

(六)鸡场常见疾病快速诊断技术

1. 禽场基本情况的调查与分析

了解禽场的基本情况是禽病诊断的重要一环。有些疾病通过调查和了解，几乎就可以确诊，例如，看到中毒剂量的用药处方或饲料配方。有些疾病，通过调查和了解，可以为疾病的诊断指明方向。对禽场(群)的调查包括很多方面，应根据实际需要灵活进行。

(1)养禽场的历史、饲养家禽的种类、饲养量和上市量、经济效益、工作人员文化程度和来源等。

(2)禽场的地理位置，周围环境，附近是否有养禽场、畜禽加工厂或市场，是否易受台风、冷空气和热应激的影响，排水系统如何，是否容易积水等。

(3)禽场内各种建筑物的布局是否合理，宿舍、育雏区、种鸡区、孵化房、对外服务部的位置及彼此间的距离，鸡舍的长度、跨度、高度、所用材料及建筑结构是开放式还是密闭式，如何通风、保温和降温，舍内的卫生状况如何，不同季节舍内的温度、湿度如何，采用何种照明方式，是否有运动场等。

(4)选择平养、离地网养还是笼养，平养垫料是否潮湿，采用哪种食槽和饮水器，如何供料、供水，粪便、垫料如何清理等。

(5)自配饲料还是从饲料厂购进，其质量如何，粉料、谷粒料还是颗粒饲料，干喂还是湿喂，自由采食还是定时供应，是否有限饲及如何限饲，饲料是否有霉变结块等。

(6)饮水的来源和卫生标准，水源是否充足，是否缺水、断水。

(7)育雏采用多层笼养还是地面平养，地下保温还是地上保温，热源来自电、煤气、煤、柴还是炭，种苗来源及运输过程是否有失误，何时开始饮水和开食，何时断喙。

(8)禽群逐日的生产记录包括饮水量，食料量，死亡数和淘汰数，月龄的育成率，肉鸡成活率，平均体重，肉料比，蛋鸡或后备鸡的育成率、体重、均匀度及与标准曲线的比较，母禽开产周龄、产蛋率、蛋重及与标准曲线的比较等。

(9)种鸡采用何种产蛋箱，数量、位置、卫生状况如何；集蛋方法及次数，蛋的包装和运输情况；种蛋的保存温度、湿度，是否有消毒；种蛋的大小、形状，蛋壳颜色、光泽、光滑度，有无畸形蛋，蛋白、蛋黄和气室等是否有异常等。

(10)孵化房的位置，孵房内温度和湿度是否恒定，受外界影响程度；孵化机的种类和性能如何；孵化记录，受精率，入孵蛋及受精蛋的孵化率，啄壳和出壳的时间，完成出壳时间，日龄幼雏的合格率等。

(11)禽场的禽病史，过往曾发生过什么疾病，由何部门做过何种诊断，采用过什么防治措施，效果如何。

(12)本次发病家禽的种类、群(栏舍)数、主要症状及病理变化，做过何种诊断和治疗，效果如何。

(13)免疫接种情况，按计划应接种的疫苗种类和时间，实际完成情况，是否有漏接，疫苗的来源、厂家、批号、有效期及外观质量如何，疫苗在转运和保存过程中是否有失误，疫苗的选择是否合适，疫苗稀释量、稀释液种类及稀释方法是否正确，稀释后在多长时间内用完，采用哪种接种途径，是否有漏接错接，免疫效果如何；是否进行免疫监测，有什么原因可引起免疫失败等。

(14)药物使用情况，本场曾使用过何种药物，剂量和用药时间；逐只喂药还是群体投药，经饮水、饲料还是注射给药，用药效果如何；过去是否曾使用过类似的药物，过去使用该种药物时，禽群是否有不正常的反应。

(15)禽群是否有放牧，牧地是否放养过有病的禽群，是否施放过农药等。

(16)禽场(群)近期内是否还有什么其他与疾病有关的异常情况。

2. 临床检查

对禽病，尤其是重大疫病的诊断，最好每次到生产现场对禽群进行临床检查。如仅从送检人员的介绍和对送检病死禽的检测做出诊断，有时可能会误诊。因为送检人员介绍病禽的症状和病变不一定准确和全面，而送检的病死禽不一定具有代表性。对禽群的临床检查包括群体检查和个体检查。

(1)群体检查　群体检查的目的主要在于掌握禽群的基本状况。在进入禽舍后，可以轻轻地敲击铁桶等物品使禽只发出突然的响声，此时如全群精神状况良好，则所有禽只会停止采食、饮水和走动，凝视片刻，而病禽则对声响毫无反应，闭目昏睡。看看无反应或反应迟钝的病禽占比多少，可以粗略了解疾病的严重程度，也可以拿一条小棍子在禽舍内边走边慢慢驱赶禽只。健康的禽只在你靠近之前早已走得远远的，而病禽则走动笨拙或根本无反应，也可以在早晨添加饲料和饮水时观察禽群的状况。健康的禽只在添加饲料时都拥挤到食槽边争食饲料，而病禽对饲料毫无兴趣，呆立不动或啄食一下，停很久再啄一下。在了解禽群大体状况后，还要对禽群做进一步的观察，看看是否有以下异常：

①禽群的营养和发育状况、体质强弱、大小均匀度；鸡冠鲜红或紫蓝、苍白，冠上是否长有水疱、痘痂或冠癣；羽毛的颜色、光泽、丰满整洁程度，是否有过多的羽毛断折和脱落；是否有局部或全身的脱毛或无毛，肛门附近羽毛是否有粪污等。

②有无神经功能不正常的病禽，例如，全身震颤，头颈扭曲，盲目前冲或后退，做转圈运动，

高度兴奋，不停走动，跛行，麻痹瘫痪，呆立昏睡，卧地不起等。

③眼鼻是否有分泌物，分泌物是浆液性、黏液性还是脓性；是否有眼结膜水肿，上下眼睑粘连，睑面肿胀；有无咳嗽、异常呼吸音、张口伸颈呼吸和怪叫声，浅频呼吸，深稀呼吸，临终呼吸；口角有无黏液、血液或过多饲料粘着。

④食料量和饮水量如何，嗉囊是否异常饱胀；排粪是否动作过频或困难，粪便是否呈圆条状、稀软成堆或呈水样，粪便中是否有饲料颗粒、黏液、血液，颜色是灰褐色、硫黄色、棕褐色、灰白色、黄绿色还是红色，是否有异常恶臭味。

⑤禽群发病数、死亡数，死亡是否多在下午、夜间还是全日均匀，从发病到死亡的时间是几小时还是毫无前兆症状而突然死亡等。

(2)个体检查　对有病禽群的个体检查有两种检测方式：一种是对一定数量的病禽逐只进行检查；另一种是随机拦截一小群，逐只进行检查。进行个体检查时，应分别记录检查结果，然后做统计，看看有某种症状病禽的总数和所占比例，这对疾病的初步诊断很有好处。个体检查包括以下几方面。

①体温的检查，即用手掌抓住两腿或插入两翼下，感觉体温是否异常，然后将体温计插入肛门内，停留 10 min，读取体温值。

②皮肤的弹性、颜色正常否，是否有紫蓝色或红色斑块，是否有脓肿、坏疽、气肿、水肿、斑疹、水疱等，有无结节，有无软蜱、螨等寄生虫，跖部皮肤鳞片是否有裂缝等。

③眼结膜是否苍白、潮红或黄色，眼结膜下有无干酪样物，眼球是否正常；用手指压挤鼻孔，有无黏性或脓性分泌物；用手指触摸嗉囊内容物是否过分饱满坚实，是否有过多的水分或气体；翻开泄殖腔注意有无充血、出血、水肿、坏死，或有假膜附着，肛门是否被白色粪便所粘结。

④打开口腔，注意口腔黏膜的颜色，有无发疹、脓疱、假膜、溃疡、异物；口腔和腭裂上是否有过多的黏液，黏液上是否混有血液。一只手打开口腔，另一只手的手指将喉头向上顶托，可见喉头和气管，注意喉气管有无明显的充血、出血，喉头周围是否有干酪样物质附着等。

(3)一些常见症状提示可能发生的禽病　在临床检查时，应不断地将已发现的症状与可能出现这一症状的禽病联系起来。当一种疾病的好几种症状都在病禽中出现时，则预示有可能发生这种疾病。一般情况下，常会有好几种疾病的主要症状都出现在被检查的禽群中，此时就有必要做进一步鉴别诊断。此时可以反向思考，即如果是某种禽病的话，那么它的典型症状都出现了吗？其中典型症状最相符的疾病会比较接近我们的诊断结果。

3. 病理解剖学检查

家禽个体相对较小且多为群养，有利于病理解剖学检验。为了诊断的准确性，病理解剖应有一定的数量，一般应解剖 5～10 只病死禽，必要时也可选择一些处于不同病程的病禽进行解剖，然后对病理变化进行统计、分析和比较。

(1)体表检查　在未剖开死禽前先检查其外观，羽毛是否整齐，冠、肉髯和面部是否有痘斑或皮疹，口、鼻、眼有无分泌物或排泄物，泄殖腔是否有粪污或被白色粪便所阻塞，脚部皮肤是否粗糙、有裂缝或石灰样物附着，脚底是否有趾瘤等。继而将被检禽只放在搪瓷盘上，此时应注意腹部皮肤的颜色，维生素 E 和硒缺乏时皮肤呈紫蓝色，死亡已久引起尸绿时腹部皮肤呈绿色，应注意区别。

(2)剖检顺序及观察内容　先用消毒药水将羽毛浸湿，将腹壁连接两侧腿部的皮肤剪开，用力将两大腿向外翻转,直至股关节脱臼,即可将尸体平稳地放在搪瓷盘上。用剪刀分别沿上述腹部两侧的切线继续向前剪至胸部,另外,在泄殖孔腹侧作一横的切线,使与腹部两侧切线相连接,用手在泄殖孔腹侧切口处将皮肤拉起,用力向上、向前拉,使胸腹部皮肤与肌肉完全分离。此时可检查皮下是否有出血、胸部肌肉的黏度、肌纤维颜色、是否有出血点或坏死斑点等。在泄殖腔腹侧将腹壁横向剪开,再沿肋软骨交接处向前剪,然后一只手压住禽腿,另一只手握住龙骨后缘向上拉,使整个胸骨向前翻转,露出胸腔和腹腔。此时应先看气囊膜有无混浊、增厚或被覆渗出物等,注意胸、腹腔内的液体是否增多,体腔内的器官表面是否有冻胶样或干酪样渗出物等。继而剪开心包囊,注意心包囊是否混浊或有纤维素性渗出物黏附,心包液是否增多,心包囊与心外膜是否粘连等,随后顺次将心脏、肝摘出,将腺胃和肌胃、胰、脾及肠管一起摘出,再取出肺和肾脏,然后对上述器官逐一进行仔细的检查。继而用剪刀将下颌骨剪开并向下剪开食道和嗉囊,将喉头、气管、气管叉和支气管剪开检查。最后剪开头皮,取出颅顶骨,小心取下大脑和小脑检查。

病理剖检作为疾病诊断的基本手段,因诊断迅速,易于操作,在生产中被广泛采用。由于鸡病种类繁多,不同疾病常出现类似病变,因此,能否正确鉴别它们是我们做出正确临床诊断的基础。就生产中常见病变的鉴别做以下阐述,以供参考。

①皮下水肿:水肿部位多见于胸腹部及两腿内侧,渗出液以胶冻样为主。渗出液颜色呈黄绿或蓝绿色,为绿脓杆菌病、硒-维生素 E 缺乏症。渗出液颜色呈黄白色为鸡霍乱,渗出液颜色呈蓝紫色为葡萄球菌病。

②胸腿肌肉出血:出血为点状或斑状。常见疾病有传染性法氏囊病、禽霍乱、葡萄球菌病。另外,维生素 K 缺乏症、磺胺类药物中毒、黄曲霉毒素中毒、包涵体肝炎,住白细胞虫病也可见肌肉出血。

③气管、喉头病变:气管、喉头病常为黏膜充血、出血,气管、喉头有黏液等渗出物。该病变主要见于呼吸系统疾病。黏膜充血,气管有渗出物为传染性支气管炎病变。喉头、气管黏膜弥漫性出血,内有带血黏液为传染性喉气管炎病变。气管轮环黏膜有出血点为新城疫病变。败血性霉形体、传染性鼻炎也可见呼吸道有黏液渗出物病变。

④肝脏病变:导致肝脏出现坏死点或坏死灶的疾病有禽霍乱、鸡白痢、伤寒、急性大肠杆菌病、绿脓杆菌病、螺旋体病、喹乙醇中毒、痢菌净中毒等。导致肝脏有灰白结节的疾病有马立克病、禽结核、鸡白痢、白血病、慢性黄曲霉毒素中毒、住白细胞虫病。

⑤肠道出血:肠道出血是许多疾病急性期共有的症状,如新城疫、传染性法氏囊病、禽霍乱、葡萄球菌病、链球菌病、坏死性肠炎、绿脓杆菌病、球虫病、禽流感、中毒等疾病。

⑥盲肠病变:盲肠病变主要为盲肠内有干酪样物堵塞,这种病变所提示疾病有盲肠球虫病、组织滴虫病、副伤寒、鸡白痢。

⑦腺胃黏膜出血:新城疫可见黏膜乳头或乳头间出血,传染性法氏囊病、螺旋体病多见肌胃与腺胃交界处黏膜出血。导致腺胃黏膜出血的疾病还有喹乙醇中毒、痢菌净中毒、磺胺类药物中毒、禽流感、包涵体肝炎等。

⑧输尿管尿酸盐沉积:导致肾脏功能障碍的疾病均可引起输尿管尿酸盐沉积,如痛风、传染性法氏囊病、维生素 A 缺乏症、传染性支气管炎、鸡白痢、螺旋体病和长期过量使用药物。

⑨腹水:常见病有腹水症、大肠杆菌病、黄曲霉毒素中毒、硒-维生素 E 缺乏症、鸡白痢、副伤寒、卵黄性腹膜炎。

八、参考文献

[1] 黄仁录，郑长山. 蛋鸡标准化规模养殖图册. 北京:中国农业出版社,2011.
[2] 郑世军. 现代动物传染病学. 北京:中国农业出版社,2013.
[3] 甘孟侯. 养鸡 500 天. 6 版. 北京:中国农业出版社,2014.
[4] 刘金华，甘孟侯. 中国禽病学. 2 版. 北京:中国农业出版社,2016.
[5] 张国中. 简明禽病诊断手册. 北京:中国农业大学出版社,2017.
[6] 袁建敏. 有机鸡生产技术指南. 北京:中国农业大学出版社,2020.

第3章

规模化猪场实习指导

The third chapter

The third chapter

The third chapter

The third chapter

- 规模化猪场实习指导
  - 行业概况
    - 国内生猪产业概况
    - 现代化生猪养殖企业的转型升级
      - 规模化和工业化促成生猪产业新格局
      - 数字化、智能化加速养殖技术新迭代
      - 高度重视生物安全以及疫病防重于治等新理念盛行
      - 疫病诊断与监测备受重视
    - 猪场疫病流行现状和防控原则
      - 生猪疫病的流行现状
      - 生猪疫病防控基本原则
    - 生猪产业兽医人才需求与职业发展方向
  - 实习要点与难点
    - 实习要点
      - 学习并掌握猪场生物安全
      - 了解现代家猪的主要品种和特点
      - 了解与猪群健康养殖相关重要环境参数或信息
      - 熟悉猪场生产流程
      - 了解猪只正常的基本生理指标，熟悉猪场疫病防控的基本原则
    - 实习难点
      - 了解猪场常规的疫苗免疫程序及其制定原则
      - 掌握猪场常见重要疫病的种类、临床表现、诊断要点和防治方法
      - 掌握猪场常用药物的名称、有效成分、用途和基本作用原理
  - 实习内容
    - 实习纪律与人员安全须知
    - 猪场的布局和基本构成
    - 生物安全体系
    - 环境控制与猪群健康
      - 环境控制基本参数
      - 环境因素对猪只健康影响
    - 猪的主要品种和特点
      - 长白猪
      - 大白猪
      - 杜洛克猪
      - 皮特兰猪
      - 汉普夏猪
    - 养殖生产流程
    - 猪场疫病防控与健康管理
      - 疫苗免疫
      - 疫病诊断与监测
      - 猪群的健康保健与治疗
  - 实习考核要求
    - 规模化猪场生物安全防控体系的基本要素和关键控制点
    - 猪群生产和健康管理相关基本指标参数和操作流程
    - 疾病诊断、预防和控制的相关知识和具体操作技术
    - 是否提升了理论联系实际，分析和解决猪场猪群健康问题的能力

一、行业概况

(一)国内生猪产业概况

“猪粮安天下”,生猪产业是我国国民经济的重要组成部分,具有基础性战略地位,加之猪肉价格对我国居民消费指数 CPI 影响较大,其供给水平及猪肉价格受到社会的广泛关注,因此发展生猪产业,对于保障人民群众生活质量、稳定物价、保持经济平稳运行和社会大局稳定具有重要意义。从全球范围来看,我国是全球最大的生猪生产国和猪肉消费国。2014 年,全国猪肉产量到达峰值 5 821 万 t,其份额约占世界总产量的一半。受我国人民的饮食和肉类消费习惯的影响,猪肉一直是肉类中占比最高的品类。1980 年,国内猪肉产量占肉类总产量的 94%以上。近年来,由于非洲猪瘟疫情等原因,猪肉占比在 2019 年大幅度下降至 56%。

自新中国成立以来,我国生猪产业的发展基本经历了五个阶段:第一阶段(1949—1978 年),生猪供给严重不足。新中国成立至改革开放初期,生猪产业发展缓慢,生产力水平低下,产能严重不足,以“肉票”形式按计划供应猪肉。据统计,1978 年全国生猪存栏 3 亿头,其中能繁母猪 2 415 万头,出栏 1.61 亿头,猪肉产量 789 万 t,人均猪肉占有量 8.2 kg/(人·年)。第二阶段(1979—1984 年),农民获得生产自主经营权,生猪养殖积极性升高,导致产能有所增加,1984 年生猪出栏量 22 047 万头,人均猪肉占有量 13.84 kg/(人·年),生猪供应紧缺程度得到一定程度缓解。第三阶段(1985—1997 年),1985 年生猪购销政策全面放开,市场自由交易开始,1988 年农业部“菜篮子工程”建设实施后,该行业快速发展,1997 年,全国猪肉产量大幅度增加至 3 596.3 万 t,人均猪肉占有量 29.1 kg/(人·年),彻底扭转了生猪供给紧缺局面。这一阶段的生猪养殖主要以年出栏 500 头以下的养殖户为主。第四阶段(1997—2006 年),生猪产业向提高生产效率、追求商品质量和优化养殖结构的方向转变,生猪规模化养殖企业得到较大幅度扩张,2002 年全国年出栏 500 头以上的规模化养殖占比接近 10%,2006 年年出栏 500 头以上规模化养殖占比达到 15%。第五阶段(2007 年以后),规模化发展阶段。随着市场经济迅速发展,人民对猪肉数量和品质的需求提升,受宏观经济、国际贸易以及大量资本的涌入、集约化集团迅速扩张、动物疫病、环保政策等因素综合影响,供给和需求难以达到稳定均衡,生猪和猪肉价格呈周期性大幅度波动。生猪产业逐渐发展为上到饲料供应商、疫苗兽药供应商,中游的生猪养殖场户,下游的屠宰加工企业,全产业链蓬勃发展,市场规模接近万亿的重要产业。

(二)现代化生猪养殖企业的转型升级

随着 2018 年非洲猪瘟疫情在我国的暴发,我国生猪产业的短板和问题进一步暴露,能繁母猪和生猪存栏量下降较多,产能明显下滑,稳产保供压力较大。随着猪价的提升,疫病控制技术门槛和资金需求的提升,大量资本进入生猪产业,导致规模化企业扩展较快。而中小企业尤其是散养户由于疫病控制风险和种猪成本的增加,恢复生产较慢,或不敢轻易进入,导致规模化企业所占比例显著上升,规模化养殖的科学发展正迅速推动着产业转型和升级。

1. 规模化和工业化促成生猪产业新格局

随着非洲猪瘟疫情的暴发和蔓延,我国生猪产业受到重创。从行业观察可知,中小养户受到巨大冲击,而封闭式、一体化、工业化生产的规模化养殖企业,在投入大量人力、物力和没有安全有效的非洲猪瘟疫苗的情况下,摸索了一套基于生物安全和精准剔除的非洲猪瘟综合防控体系,所以它们受到的影响相对较小。在猪肉供给暂时短缺,猪肉价格高企之时,它们借助资本优势，大举扩充。此外，由于我国对生态环境的日益重视，环境友好和资源循环利用为养殖场的建设和运营提出了更加严格的环保要求。同时消费者对食品安全、猪肉品质的高要求，进一步要求生猪生产企业向专业化、标准化、自动化方向发展。规模化养殖可以提高土地资源利用、人力资源、交通运输、疫病防控等方面的效率，显著降低生产成本，以扩大产业竞争力。

2. 数字化、智能化加速养殖技术新迭代

随着规模化的提升以及当前高利润态势，当前生猪养殖已不是传统意义上的低端产业，而是向科技密集型的产业迅速转变。在规模提升、节能增效、疫病防控、工业化生产和人工成本日益增加的情况下，企业往往通过数字化和智能化来进行技术改造和工艺升级。空气过滤系统、智能环控和人工气候系统、喂料饮水和清粪自动化系统使养殖效率大幅度提升，员工体力劳动需求被降低。当前 5G 商用、大数据、云计算和人工智能 AI 技术的高速发展，并与生猪养殖产业相互融合，人工智能数字化农场的发展成为最新趋势，个性化的科学饲喂、智能查情、猪只智能盘点、异动智能报警、智能免疫以及智能生物安全盘点等现代化技术体系正在高速发展、落地以及日趋成熟。

3. 高度重视生物安全以及疫病防重于治等新理念盛行

由于非洲猪瘟目前没有安全有效的商用疫苗，其防控主要基于生物安全体系和检测清除技术。养殖场在该病的防控过程中逐渐认识到生物安全是切断动物疫病传播的重要防线。猪场生物安全体系以及疫病监测综合防控体系的建立和完善将大大提升猪场的疫病防控能力。猪场人员也因此从过分依赖疫苗和药物，不重视生物安全的传统疫病防控思路逐渐转变为遵循传染病防控规律的综合防控思路。其以消灭传染源、切断传播途径、保护易感动物为指导方针，重点关注生物安全体系的建立和完善，同时对动物疫病进行科学的免疫以及监测，提前防控，避免以往等疫病暴发后的“救火”式处理模式。

4. 疫病诊断与监测备受重视

疫病防控与猪群健康管理已从影响猪场盈利与否的重要影响因素升级为猪场能否正常生产，甚至决定其生死存亡的首要因素。在疫病防控过程中，诊断检测以及病原学和血清学的监测是发现和监控疫病传入、发生、传播和转归的重要手段，是疫病控制与处理的先决条件。目前大部分规模化猪场都会在临近区域配备诊断检测实验室，以便能够对猪场的发病动物或异常动物进行快速诊断和检测，以为进一步采取相关防控处置的决策提供信息。

（三）猪场疫病流行现状和防控原则

虽然我国生猪养殖规模已是世界第一，但总体生产水平远不及养猪业发达国家。究其原因有很多，但其中动物疫病，尤其是人畜共患病以及重大动物疫病的暴发和流行的影响最大。其不但可严重危害食品安全和公共卫生，而且可对生猪产业直接造成重大经济损失，已成为严重影响我国生猪产业健康发展的重要因素。

1. 生猪疫病的流行现状

随着我国生猪养殖规模化程度的不断发展，疫病流行情况更加复杂，疫病的总体控制水平低，猪群健康管理水平和效率存在较大提升空间。当前主要猪病流行特征如下。

（1）我国猪的疫病不仅种类繁多，而且流行态势复杂，疫病的总体控制水平仍然不高　各类病毒病、细菌病、寄生虫病在猪场均有流行，流行种类有增无减，流行情况日趋复杂化。

(2)重大疫病仍然是猪场的主要危害　非洲猪瘟、猪繁殖与呼吸综合征、猪流行性腹泻、口蹄疫、猪瘟和猪伪狂犬等病毒性疾病仍处于常发或流行态势。其致病机制复杂,动物感染后发病严重,一旦暴发,往往造成猪场的巨大经济损失。

(3)新发与再发性传染病常常暴发　大量国外引种、肉制品贸易和货物运输、相关人员的来往增加了外来病传入我国的风险,加之一些本土来源病毒的暴发与流行使得新发与再发性传染病层出不穷。如非洲猪瘟病毒、口蹄疫病毒以及猪繁殖与呼吸综合征病毒等病原的国外流行株的传入造成疫情的暴发或再发,对我国养猪业造成了巨大危害。同时,猪繁殖与呼吸综合征、猪伪狂犬病、猪流行性腹泻等疾病新型变异株的出现和流行往往会引起新的暴发。

(4)细菌病成为猪场常发和多发的疾病　猪传染性胸膜肺炎、副猪嗜血杆菌病、地方性肺炎、猪链球菌病、回肠炎、仔猪大肠杆菌病、附红细胞体病等细菌性疫病在猪场时有发生,尤其在环境卫生条件差、猪群应激、猪群感染免疫抑制性疾病时,往往会增加此类细菌病的发生概率,使其危害和所致损失增大。尤其在抗生素减少使用和禁止非法添加的背景下,细菌病将成为猪场新的挑战。

(5)免疫抑制性病原成为重要危害　繁殖与呼吸综合征病毒和猪圆环病毒2型等具有免疫抑制特性的病原。它们在我国猪群中感染率较高,可导致猪群的免疫系统功能受到抑制,不但可能降低机体对本病原的抵抗,还可能促进其他病原的继发感染和共感染,抑制猪瘟和猪伪狂犬病等疫苗的免疫效果。

(6)多重感染和继发感染普遍　多种病原同时感染或相继感染,协同致病已成为疫病流行的主要形式。猪繁殖与呼吸综合征病毒、猪圆环病毒2型、流感病毒和呼吸道冠状病毒等病原体之间的多重感染可导致严重的呼吸道疾病;猪流性腹泻病毒和Delta冠状病毒引起的腹泻;猪链球菌、副猪嗜血杆菌、胸膜肺炎放线杆菌、附红细胞体之间的多重感染以及病毒与细菌的多重感染常有发生。其往往容易误导临床和实验室诊断,影响科学防控策略的制订和实施。

(7)非典型性和持续性感染病例增多　我国多种疫病,如猪繁殖与呼吸综合征等的毒株多样,且毒株间多致病性存在差异。同时,我国针对在动物疫病(如猪瘟、猪繁殖与呼吸综合征等)防控过程中普遍使用疫苗进行免疫接种,从而导致多种疫病发病时的临床症状不典型。一些具有持续性感染特性的病原如猪繁殖与呼吸综合征病毒以及非洲猪瘟病毒等感染动物后呈现持续性感染特征。其可影响疫病诊断与流行病学监测,甚至造成误诊以及疫病预防策略的偏差。

2.生猪疫病防控基本原则

依照动物传染病传播中的3个要素“病原体—传播途径—易感动物”的相互关系,在猪病防控中遵循的基本原则是消灭传染源、切断传播途径和保护易感动物。

(1)构建现代猪场生物安全体系　猪场生物安全体系是指在养猪生产中防止猪病传染源进入猪场,侵袭猪群,造成疫病流行的技术措施。其是疫病防控的第一道防线,遵循的是传染病控制原则中的切断传播途径和消灭传染源的思想。其主要包括3个原则:①依据病原体传入和感染的风险概率对猪群及其饲养区域的生物安全等级进行划分。②对猪场内进行净区和污区的划分,道路进行净道和污道的区分。③猪群、人员和物资等遵循从低风险区域向高风险区域的单向流动原则。当反向流动时,需要有控制措施以进行隔离和风险消除。在现代化猪场的建设与管理过程中,猪场选址,栋舍布局,人员、猪只和物资进出场,车辆管理等方面均需从防范生物安全风险的角度进行科学管理。

(2)科学的猪场疫病诊断监测　系统掌握猪场疫病发生与流行状况以及危害程度,充分了解猪疫病发病规律对于制定猪场疫病防治对策,降低猪群疫病暴发风险,提高猪群健康水平至关重要。科学连续的猪场疫病监测具有以下意义:①有利于及早发现传染源、发病个体与群体,及时、准确地诊断疫情,以便于及时采取合理的控制措施,减少经济损失。②评估疫苗的免疫状况与群体免疫效果有利于疫苗种类的选择以及免疫程序的订制、调整和完善。③了解猪场相关病原的变异、新毒株及新病原的传入和流行,以便及时调整预防与控制策略。④满足引种和后备猪隔离后入群的风险控制以及疫病净化的需求。

(3)科学合理的疫苗免疫　疫苗免疫是猪场疫病防控的最后一道防线。各猪场需要因地/场/群制宜,通过对所在地或各猪群中流行的病原进行监测和流行病学调查,以确定疾病流行情况、猪群的感染阶段、感染比例、菌毒株类型,依据调查信息选择安全有效的疫苗进行免疫,并制定合理的免疫程序。同时应根据猪群健康状况、毒株流行规律的变化及时调整和优化免疫程序。

(4)合理使用抗生素　抗生素是一类对细菌、寄生虫等具有抑制和杀灭作用的药物,在预防和治疗动物疫病、保障动物健康方面起到了重要作用。不合理的滥用抗生素不但会影响药物的疗效,还可能增加细菌的耐药性,危害食品安全和公共卫生。在抗生素的使用过程中应该遵循科学规律:①正确认识抗生素的作用原理、使用范围和局限性,注重预防,减少对抗生素治疗的耐药性。②科学诊断,合理用药,依据诊断结果以及药敏试验情况,合理选择适合本场或本次疫情的抗生素。同时注意科学选择剂量、使用时间和投药方式。③注意抗生素的联合应用与配伍禁忌以及抗生素的不良反应。④合理关注休药期和药物残留风险,避免危害食品安全的隐患。

(5)疫病净化是疫病控制的终极目标　疫病净化是指消灭病原,消除动物疫病发生和流行的隐患,降低疫病发生风险,以保障畜禽健康及畜禽产品质量和公共卫生安全。动物疫病净化是实现动物疫病从有效控制到消灭的必由之路,综合考虑动物保健产品投入的降低和猪群生产成绩的提高。目前普遍认为疫病净化最终将成为猪场最经济的疫病防控方式,尤其是种猪场对非洲猪瘟、猪瘟、猪繁殖与呼吸综合征、猪伪狂犬病等重要疾病的净化将有利于从源头上控制疫病的传播。

(四)生猪产业兽医人才需求与职业发展方向

随着规模化养殖企业的高速发展和规模扩张以及向集约化、标准化、机械化、自动化和智能化方向的转型升级,企业对各层级专业技术人才的需求空前扩大,同时对人才素质的要求在不断提高。由于生猪产业中兽医专业人才的供不应求,各大企业高度重视人才发展计划,在优秀人才的吸纳、培养方面加大力度,针对不同职业需求开展多种学习模式,提供多方位晋升渠道。兽医专业人员在生猪养殖企业可以从事驻场兽医、生物安全管理人员、实验室检测及数据分析人员、养殖场长、技术主管、技术总监、兽医总监以及各类综合性管理职位,职业发展方向多样,晋升渠道丰富。

二、实习目标

生猪产业是我国国民经济的重要组成部分,疫病预防与控制是生猪健康养殖的核心,因此猪场是兽医工作者重要的实践场所之一。动物医学专业本科生参加猪场实习,意在从“认知-

理论-思考-实践”多角度为学生提供理论联系实际的探索机会，培养其了解临床、熟悉理论、动手操作、解决问题的综合能力。通过该段实习，基本掌握猪场生物安全的意义、实施原则；了解猪场生产工艺与生产流程；了解不同饲养阶段猪只的基本操作技能；掌握猪场常见重要疫病的种类、临床表现、诊断要点和防治方法。通过现场观摩、动手操作和课程讲解多种方式，引导学生理论联系实际，将所学的理论知识在生产中应用与练习，增强其对行业的认知，为后续课程学习以及毕业后工作或继续深造提供实践经验。

三、实习要点与难点

1. 实习要点

(1)学习并掌握猪场生物安全的定义、重要性、实施原则、核心要素以及实施关键细节。

(2)了解现代家猪的主要品种和特点。

(3)了解与猪群健康养殖相关重要环境参数或信息。

(4)熟悉猪场生产流程，对规模化猪场各阶段猪只的划分标准以及饲养管理、种猪繁育中的常规操作均有所了解。

(5)了解猪只正常的基本生理指标，熟悉猪场疫病防控的基本原则。

2. 实习难点

(1)了解猪场常规的疫苗免疫程序及其制定原则。

(2)掌握猪场常见重要疫病的种类、临床表现、诊断要点和防治方法。

(3)掌握猪场常用药物的名称、有效成分、用途和基本作用原理。

四、实习内容

猪场实习采用理论授课结合实践操作相结合的教学方式(表 3-1)。通过理论讲解让学生系统地了解猪场的基本构成、选址要点、布局方式等基本概念，学习并理解生物安全对猪场的重要意义及其基本原则和规范；了解猪场生产的基本流程，结合专业知识系统理解疾病防控过程，包括疫病检测、监测、免疫驯化和病死猪处理等流程和猪场科学用药的原则。同时通过实践操作，让同学掌握生物安全审计的核心要点，会进行猪只保定，熟悉环境样本或猪只样本的采集，了解不同猪舍常规操作流程和注意事项。

表 3-1　猪场主要实习内容

实习方式	内容
理论授课	实习纪律与人员安全须知
	猪场选址、构成、布局与生产设施设备
	猪场生物安全体系
	猪场环境控制与猪群健康
	猪场生产工艺和流程
	猪常见种类以及猪群类别和特征
	猪场疫病防控与健康管理

续表 3-1

实习方式	内容
实践教学	猪只驱赶转移、不同类型猪只的保定 日常巡栏与异常猪观察、临床记录和处置 常用临床样品采集和常规临床诊断方法 病理剖检与病理学诊断样品采集 产房管理、助产、新生仔猪护理、断尾、剪牙打耳标 发情观察、人工授精以及B超检查 疫苗接种 生产数据统计 案例分析、数据交流和实习心得汇报

(一)实习纪律与安全须知

除严格执行本书第一章中所述的纪律要求外,针对猪场实习还应特别强调以下事项:

(1)为了实习人员人身安全和猪场生物安全,未经审批的实习人员不得私自外出或私自带其他人员进入猪场。

(2)实习人员进入猪场严格遵守猪场生物安全管理规定,尤其注意严禁携带、网购、邮寄猪肉或猪肉制品入场。

(3)严禁在农场,特别是生产区内打闹、喧哗。

(4)在未经允许的情况下,禁止私自操作各种设备,如料线、各类开关、风机、冲洗机、料车、转猪车等。

(5)在使用注射器、解剖器械、高压冲洗机时,避免误伤自己或同伴;要有安全用电意识,避免触电或使用大功率电器导致线路损伤甚至引起火灾。

(6)在农场实习时,一般不应单独行动,最好有农场技术人员陪同;在实习操作时,如果存在攻击性动物(如成年公猪)具有侵犯行为,应停止工作,以保障实习人员人身安全为首要任务。

(7)在路过沼气池、污水处理区、无害化处理池、天然水体时,要小心谨慎,避免跌落池中。

(二)猪场的布局和基本构成

具有一定的规模猪场通常都可划分为生活/管理区、隔离区、生产区以及后勤保障区。生活/管理区包括职工宿舍、食堂、文化娱乐室、运动场等生活设施,同时还有经营相关的办公用房等,有的猪场二者单独分开;隔离区是供外出返场员工或来访人员隔离的区域。

通常根据仔猪断奶后是否还留在原场饲养将猪场可分为单点式以及多点式猪场(包括两点式和三点式)。在单点式猪场的生产区,根据猪的不同生长时期的生理特点与其对环境的不同要求确定不同类型的圈舍,一般可划分为6种类型:公猪舍、空怀母猪配种舍、妊娠母猪舍、分娩猪舍、保育仔猪舍、生长肥育猪舍。为减少病原体在不同日龄猪只间交叉传播,可将猪场设计为多点式猪场。其中两点式是指猪群被分配在两个互相隔离的猪场进行饲养的生产系统。通常可分为两种形式:①妊娠、分娩和保育在一个猪场,而育肥猪在另一个猪场;②妊娠与分娩在一个猪场，而保育-育肥猪在另一个场进行。三点式猪场是指猪群被分配在三个互相隔离的猪场进行饲养的生产系统。通常妊娠与分娩在一个场，保育猪在一个场，而育肥猪在另外一个场。通过讲解和实地观察，帮助实习的同学了解现代化猪场的基本构成、选址和布局的特点。

规模化猪场一般由场区外的洗消中心、隔离区和场区内的生活区、生产区(种猪和/或育肥区)、公猪站、隔离舍(区)、环保设施和污水处理站、无害化处理中心等组成(图 3-1、图 3-2)。

图 3-1　猪场布局方位图示例

(中国农业大学海大益豚校外实习基地供图)

图 3-2　现代猪场生产区的基本构成

(三)生物安全体系

猪场生物安全是指旨在降低动物传染性疾病传播风险的一组预防措施。其主要目标是使场内猪群感染病原体的压力尽可能低，从而降低疾病暴发的风险，提升动物健康、改善动物福利。在非洲猪瘟等重大疫病流行的过程中，良好的生物安全硬件配置及管理措施是防控其暴发流行的有效手段。通过详细讲解猪场生物安全管理的原则、基本措施以及猪场对应的赏罚制度，帮助实习同学形成良好的生物安全意识，避免在其后的实习过程中有意或无意地违反生物安全规定，增加疫病传入或在场内的传播风险。

猪场生物安全管理体系中可依据生物安全级别以及级别传入风险，利用三色管理法对不同区域进行区分，绿色、黄色、红色分别对应生产区、生活区和隔离区（图 3-3）。其生物安全等级（风险由低至高）：绿色＜黄色＜红色。多因素构成猪场生物安全“链条”，任何一环断裂都可破坏生物安全体系（图 3-4）。

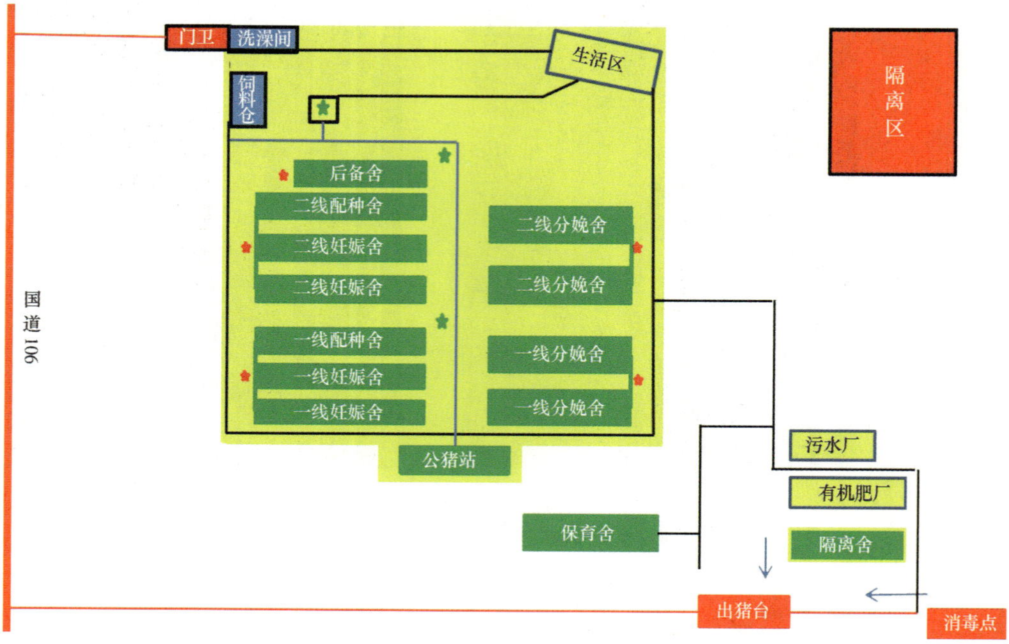

图 3-3　猪场生物安全分区管理示例

（中国农业大学海大益豚校外实习基地供图）

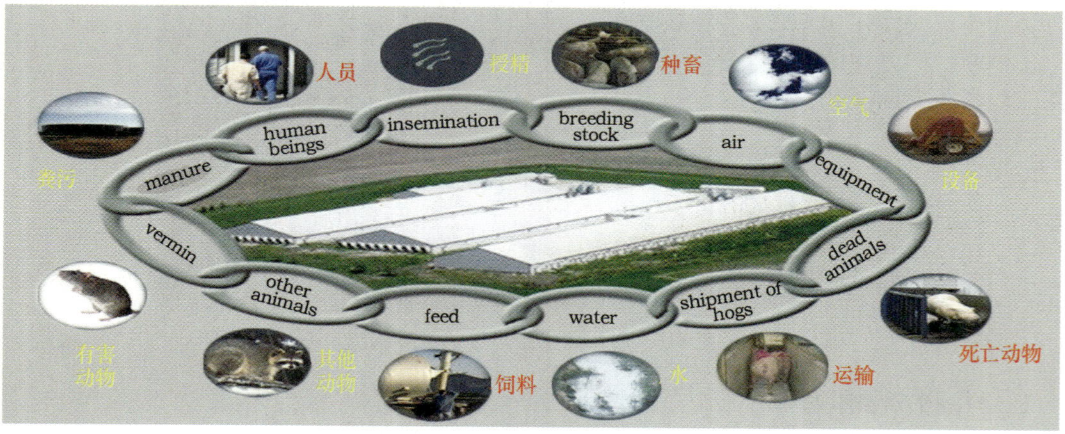

图 3-4　猪场生物安全体系风险因素

在生物安全培训过程中可让实习同学从以下方面进行学习(图 3-5 至图 3-7)。

(1)了解猪场生物安全的定义,了解生物安全防控体系的主要组成部分和关键控制点。

(2)通过现场观察与思考,参照动物疫病防控原则,理解猪场生物安全对疾病预防与控制的重要性。

(3)关注猪场生物安全标识有哪些,能够列举出你见过的标识,懂得其设置的意义。

(4)了解生物安全审查,思考并理解其重要性。

(5)从生物安全的角度了解猪场选址应注意的事项,从道路交通、周边自然屏障、风向、斜坡同功能区的布局、周边村落、饲养场、动物交易市场、无害化处理场、集贸市场等多角度思考。

(6)了解为建立良好的生物安全体系,农场应该包括哪些功能区。如何根据功能进行分区(生活区和生产区),两者之间如何隔离,有哪些有效的措施。

(7)了解农场如何根据洁净情况和疫病传播风险进行分区(净区、灰区和脏区),理解猪场如何控制不同区域间的人流、车流、猪流和物流,分析实习猪场控制措施是否合理,是否存在漏洞不足或冗余无意义规定。

(8)了解猪场门卫制度,参照实习农场既有门卫制度,明确其中最重要的条款有哪些,并结合生物安全原则分析既有制度是否存在遗漏不足或冗余无意义条款(尝试举例 3～4 个方面)。

(9)了解猪场各类物资入场时常用的消毒方式有哪些。关注手机、电脑、钱包、快递等物品入场如何消毒。

(10)了解猪场用水的来源(地表水、深井水、自来水)、净化消毒等处理方式,以及其对生物安全的影响。

(11)了解车辆清洗消毒的程序,熟悉影响清洗消毒效果的因素有哪些,懂得如何评估清洗是否干净,消毒是否彻底。

(12)了解什么是浴室管理制度,明确有哪些重要的条款,根据实习猪场的管理制度分析存在的风险因素可能有哪些。

(13)了解猪场食堂如何设置和运营,结合实习猪场情况了解其物资进入场区有哪些会引起疫病传入的风险,以及如何控制风险。

(14)了解猪场饲养犬猫有何风险,以及猪场如何防鼠、防鸟、防蚊蝇。能够分别列举几种可能经其传播的疾病。

(15)熟悉掌握猪舍清洗消毒的流程,了解利于清除病原微生物降低生物安全风险的注意事项有哪些。

(16)了解猪场常用的消毒方式有哪些,基本作用原理是什么,常用消毒剂有哪些类型,以及影响消毒效果的重要因素是什么。

(17)了解猪舍的病死猪如何无害化处理,以及产房的胎衣、流产胎儿等如何处理。

(18)了解猪只转运出场的流程,了解出猪台管理中的风险因素以及场外中转出猪台的作用。

(19)了解“全进全出”的定义。了解其对生物安全防控体系有何意义以及实施中会遇到哪些困难。

图 3-5　猪场洗消中心示例

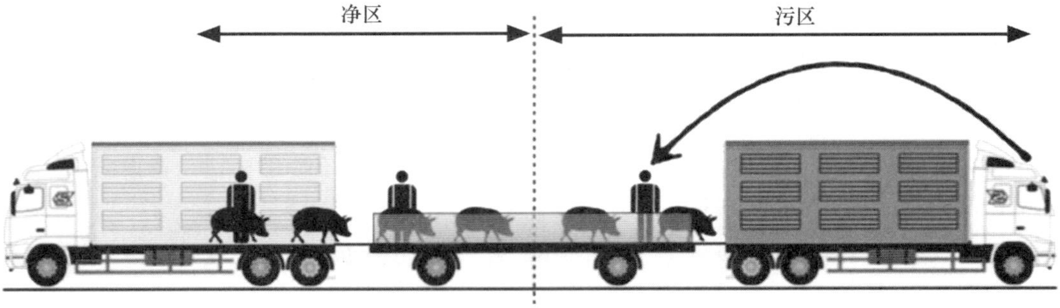

图 3-6　猪场中转出猪台示例

图 3-7　猪场用水处理设备设施示例

(四)环境控制与猪群健康

1. 环境控制基本参数

猪舍内环境主要包括温度、湿度、气流、热辐射、光照、噪声、有害气体、粉尘、微生物等。其中,由温度、湿度、气流、热辐射组成的热环境直接影响猪体热调节。热环境对猪只采食、运动和应激水平均有很大影响,不同日龄的猪只在不同温度下采食量和饲料转化率不同。因此,不合适的环境条件会明显降低猪群的健康水平和生产性能。同时，有害气体、粉尘和微生物都可刺激猪只呼吸系统，引起健康问题。因此，猪场环境参数的设置和动态监测与猪群健康息息相关，同学在实习时，应充分了解猪场基本的环境条件设置，熟悉各种不适环境对猪群健康的影响情况（表 3-2 至表 3-6）。

表 3-2　各阶段猪只的理想环境温度　　℃

猪只阶段		适合温度	适宜温度	高温预警值	低温预警值
哺乳仔猪（小环境）	分娩时		32～34	35	28
	产后 1～3 d		30～32		27
	产后 4～7 d		28～30		27
	产后 2 周		26～28		25
	产后 3～4 周		24～26		23
哺乳母猪	产前		18～20		
	分娩时		22～24	27	16
	产后 1～3 d		22～24		
	产后 4～10 d		20～22		
	产后 10 d 后		18～20		
保育猪	断奶当天	24～30	27～28	30	18
	4 周龄	24～28	24～26		
	5 周龄	22～28	23～24		
	6 周龄	20～28	22～23		
	7 周龄	19～28	21～22		
	8 周龄	19～28	20～21		
	9 周龄以上	19～28	19～20		
生长育肥猪		17～24	18～20	27	13
后备种猪		17～24	18～20	27	13
妊娠母猪		16～24	18～20	27	13
种公猪		16～24	18～20	25	13

注：适宜温度可参考此公式简单计算：$T=-0.06W+26$，W 为体重(kg)。

表 3-3　参考通风量

猪群类型	周龄	最小通风量/[m^3/(h·头)]		气流速度/(m/s)		夏季进风风速/(m/s)
		夏季	冬季	夏季	冬季	
保育前期	3～6	77	5	0.60	0.20	1.0
保育猪	7～10	167	8	0.60	0.20	1.0
生长猪	11～15	245	19	1.00	0.30	1.1
育肥猪	16～20	360	21	1.00	0.30	1.5
配怀舍		765	42	1.00	0.30	1.5
分娩舍		1 190	53	0.40	0.15	1.0
种公猪舍		420	25	1.00	0.30	1.5

注：若房舍密封性差，还应考虑缝隙流失的风速约 0.25 m/s。

进风口温度与风机处温度相差以不超过 2 ℃为宜。

表 3-4　猪舍空气质量参数

环控参数	指标	临界值
相对湿度/%	(50≤65)～(75≤85)	85
氨气/(mg/m^3)	≤15	25
	(分娩舍和保育舍)≤10	15
硫化氢/(mg/m^3)	0	10
	(分娩舍和保育舍)0	8
二氧化碳/(mg/m^3)	≤1 500	2 000
	(分娩舍和保育舍)≤1 300	
粉尘/(mg/m^3)	≤1.5	2
	(分娩舍和保育舍)≤1.2	
一氧化碳/(mg/m^3)	<5	15
细菌总数/(万个/m^3)	<6	—
	(分娩舍和保育舍)<4	—

表 3-5　猪舍不同氨气浓度的感官识别

浓度/(mg/m^3)	感官
<5	闻不到味道
5～10	有味道，但不刺鼻
10～15	味道刺鼻，但不呛人
>15	味道刺鼻、呛人

表 3-6　不同阶段猪只饲养密度

阶段	密度/(m^2/头)	群体/(头/栏)	备注
保育	0.3～0.35	一窝一栏或 15～30	不包含料槽面积
25～53 kg	0.4～0.6	25～30	
53～75 kg	0.6～0.8	14～17	
75～100 kg	1.2		
妊娠母猪	1.3～1.4	1	
哺乳母猪	3.5～5	1	
空怀母猪	2～3	6～8	
公猪	9～12	1	

2.环境因素对猪只健康影响

(1)温度

①新生仔猪:新生仔猪,身体较弱对温度敏感,若环境温度过低,可使其大量代谢以维持体温,从而出现低血糖,可能出现冷应激。仔猪抵抗力下降,成为多种疾病的易感猪群。环境温度过低,还易引起仔猪消化不良和腹泻。温度过高会导致病原滋生,发病率升高,如腹泻、呼吸道疾病等。

②生长育肥猪:低温环境会导致猪只为维持体温需加快代谢,导致饲料消耗增加,料肉比上升。高温导致猪群采食量下降,呼吸加快,形成热应激,发病率上升,影响猪群生长发育。

③母猪:高温会影响母猪正常发情和受孕,影响胎儿正常发育,妊娠后期死胎数量上升。高温还可引发难产,同时使哺乳母猪采食量下降,加速体重下降,奶水分泌量下降。

④公猪:高温环境会造成公猪繁殖性能下降,如性欲下降,精液质量下降,热应激还可诱发疾病。

(2)湿度　湿度太低导致粉尘颗粒增多,易诱发呼吸道疾病和结膜炎。在高温高湿时,猪体热蒸发减慢,滴水降温效果变差,水帘降温效果不明显;在低温高湿时,猪体热量更容易散失。此外,湿度过大易引起猪群皮肤病、腹泻、霉菌毒素中毒等疾病。

(3)空气质量

①氨气:氨气易溶解在猪只呼吸道黏膜和眼结膜上,引起黏膜充血、喉头水肿及支气管炎等,严重时引起肺水肿,肺出血。氨气还能引起中枢神经系统麻痹、中毒性肝病和心肌损伤等。

②二氧化碳:二氧化碳过高,氧气相对含量不足会引起猪只呼吸困难,猪会精神萎靡、食欲下降、增重缓慢、体质下降和生产力降低。

③一氧化碳:一氧化碳为无色、无味,难溶于水的气体,其极易与血液中运输氧气的血红蛋白结合,造成机体缺氧及中毒。

④硫化氢:该气体具有臭鸡蛋般的恶臭,易溶于水,比空气重,所以近地面浓度较高。硫化氢易溶附在呼吸道黏膜和眼结膜上与钠离子结合成硫化钠,对黏膜造成强烈刺激,引起结膜

炎、气管炎、肺水肿等疾病。若长期处于低浓度硫化氢环境中，则猪只体质变弱，抵抗力下降，增重缓慢。其该气体可能破坏呼吸道黏膜，引起猪只对各种病原更加易感。

⑤粉尘：由于人员和猪群活动、干粉饲料喂料、猪只栋舍清扫、刮粪等因素，会产生大量粉尘。一方面，落在猪只体表上会刺激皮肤引起病变；另一方面，粉尘可成为病原微生物吸附的载体，粉尘落入眼睛引起结膜炎，粉尘被吸入呼吸道引起呼吸道疾病。

（五）猪的主要品种和特点

1. 长白猪（Landrace）

原产于丹麦，全身白色，皮肤平滑无皱纹，无黑斑。毛色全白，柔软而有光泽。头长嘴尖，耳大下垂，向前倾斜，盖向颜面，两耳间隔适当，其颈部与肩部较轻，背腰长而后躯丰满方正。该品种繁殖力强且母性好，乳头7～8对，泌乳性能较高。长白猪对环境的适应性较差，特别是其在仔培阶段比较难养，成年猪四肢较弱。

2. 大白猪（Large White）

原产于英国的约克郡，故又称大约克夏（Large Yorkshire）。被毛白色，皮肤全白而平滑，无皱纹，无斑点。颜面微凹，鼻直、耳稍大而薄，向上前直立，其近缘毛柔软，两耳间隔广阔。大白猪体型较大，四肢较高，乳头7对。其对饲养环境的适应性较长白猪强，四肢也比长白猪粗壮。

3. 杜洛克猪（Duroc）

原产于美国，起源于美国东部玉米带。该猪种毛色呈红棕色，色泽由金黄到暗棕色深浅不一，偶有黑色斑点，有光泽，毛质良好。鼻镜和蹄呈黑色，耳朵大小适中，根部向上直立，耳端向前倾斜，耳缘毛柔软，两耳间隔广阔。体躯深广，后躯丰满，四肢粗壮。其对环境适应性较好、产仔数较低，母猪泌乳性能差。

4. 皮特兰猪（Pietrain）

原产于比利时瓦隆的皮特兰村。被毛灰白而带有黑色斑块，在黑斑外有渐进到白色的灰环带，偶尔出现少量棕色毛。头部清秀，颜面平直，嘴大且直，双耳略微前倾。躯体呈圆柱形，背幅宽，腹部平行于背部，肩部肌肉丰满紧凑，体型中等大小，四肢短，骨细，其后腿肌肉特别发达，瘦肉率达80%以上。母猪繁殖性能较差，对环境适应性差，容易表现应激症状。

5. 汉普夏猪（Hampshire）

原产于美国，可能是目前美国最古老的猪种。被毛黑而亮，毛质良好，皮肤平滑无皱纹，但前肢和肩部有一条白带围绕，又称“白带猪”（white belt），嘴较长而直，耳中等大小而直立，体躯较长，但比约克夏猪稍短，肌肉发达，性情活泼。产仔数也较少，以皮薄及良好的胴体品质著称。

通过理论培训，让实习学生了解当前主流猪种的类别及其特点（图3-8）。

（1）熟悉国内商品化猪场最常见的猪的品种有哪些。

（2）知道原种猪、二元猪和三元猪分别指什么。

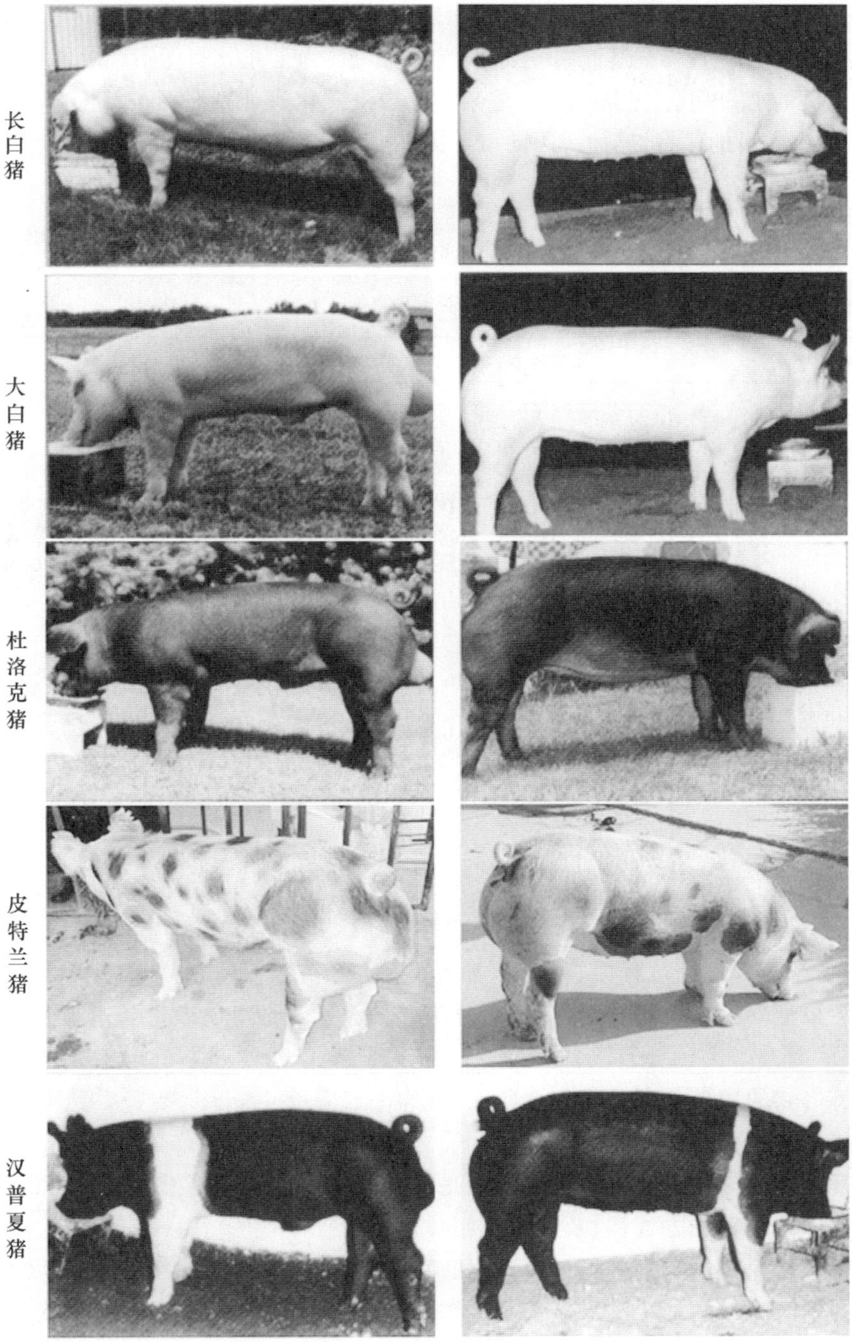

图 3-8　当前常见的猪种类型

（中国农业大学王楚端教授供图）

(六)养殖生产流程

规模化猪场的生产流程是指在养猪生产过程中，为完成配种、妊娠、分娩、哺乳、保育、肥育等所设计的程序或步骤。母猪群在完成从配种、妊娠、分娩、哺乳到断奶和发情一个完整循环后，会转入下一个生产循环，而仔猪从出生、断奶再到保育、育肥、上市，或是被留作种用。每道

“工序”流程分别在不同类型的栋舍里完成，因此也伴随着猪只在场内或场间的“流动”。

随着规模化猪场生产模式逐渐向“工业化”方向发展，为了充分利用猪舍硬件资源，减少空置，方便生产流程管控和疫病防控，猪场越来越倾向于按批次化有计划有目的地安排母猪生产，让母猪每周提供稳定数目的仔猪，进而每周向市场提供稳定数目的肥育猪(图 3-9 至图 3-14，表 3-7)。

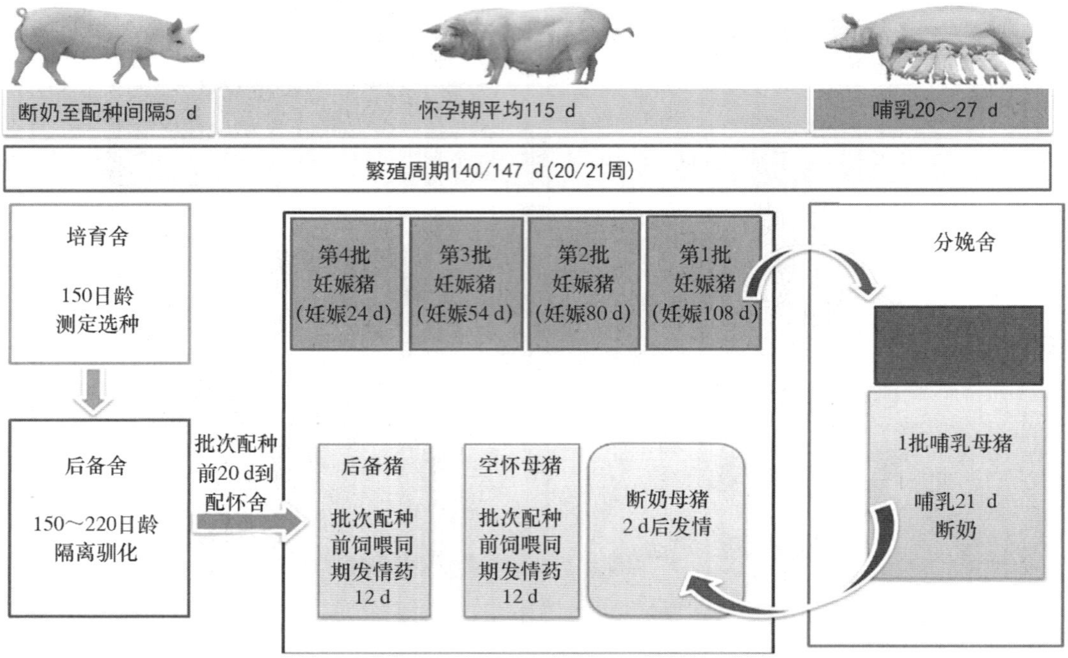

图 3-9　猪场生产流程示例

(中国农业大学海大益豚校外实习基地供图)

在猪场生产流程培训过程中，可让实习同学重点了解以下问题。

(1)熟悉根据猪的功能和日龄，猪群可分为几种类别或饲养阶段。基本了解各阶段的日龄范围或体重范围。

(2)了解母猪的繁殖周期分为几个阶段，妊娠时长是多久，母猪断奶后到下一次发情和配种，间隔时间为多长。

(3)了解判断母猪是否发情的检测方法是什么。猪场促进母猪发情的常用方法有哪些。

(4)了解母猪配种的方式，以及人工授精技术。

(5)了解母猪返情的定义，懂得返情率如何计算。懂得如何通过 B 超进行孕检。

(6)了解不同类型的母猪常见产子数范围是多少，了解配种率、分娩率、胎次、母猪更新率、PSY、窝重、健仔数、断奶重、断奶成活率等生产指标的定义。

(7)了解仔猪剪牙、短(断)尾的目的是什么，一般在什么日龄进行操作。

(8)了解猪只日饮水量、日增重、料肉比定义，懂得如何计算，了解可能的影响因素。

(9)了解公猪去势的目的是什么，以及进行操作的日龄。

(10)了解新生仔猪寄养，寄养的好处和风险各是什么。

(11)了解批次化生产的定义，以及其对疫病防控有何好处。

(12)了解猪场动物福利相关措施，能够辨别饲养人员和兽医工作者的哪些行为会影响动物福利。

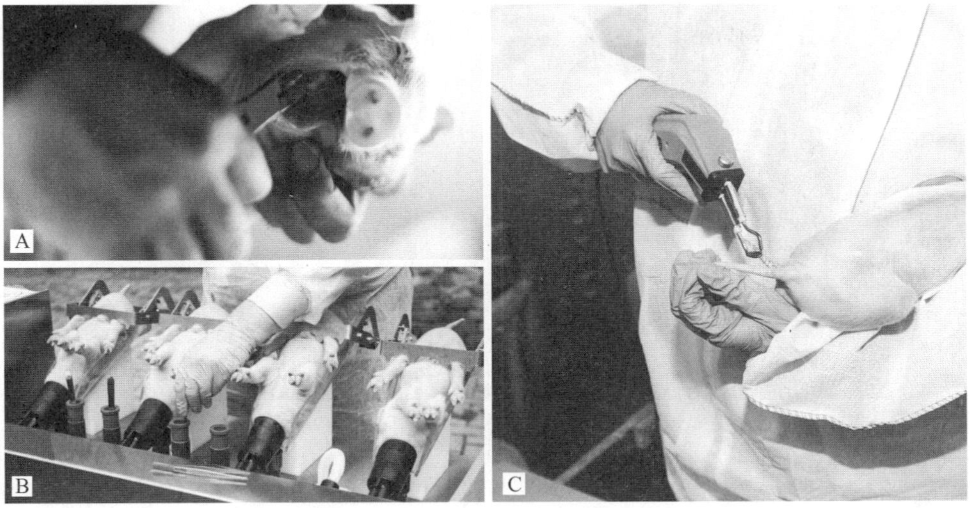

图 3-10　产房仔猪剪牙、去势和断尾示例

过瘦　　正常　　过肥

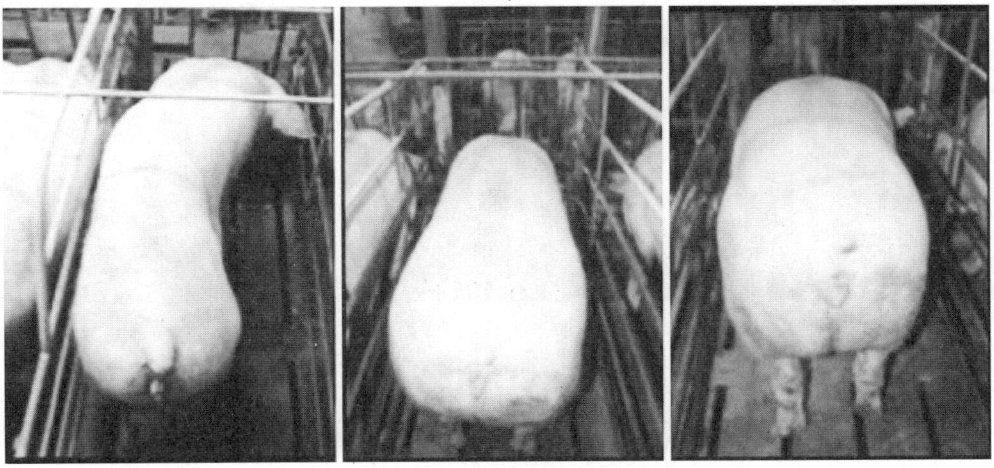

图 3-11　母猪的膘情检查

图 3-12　母猪的发情检查

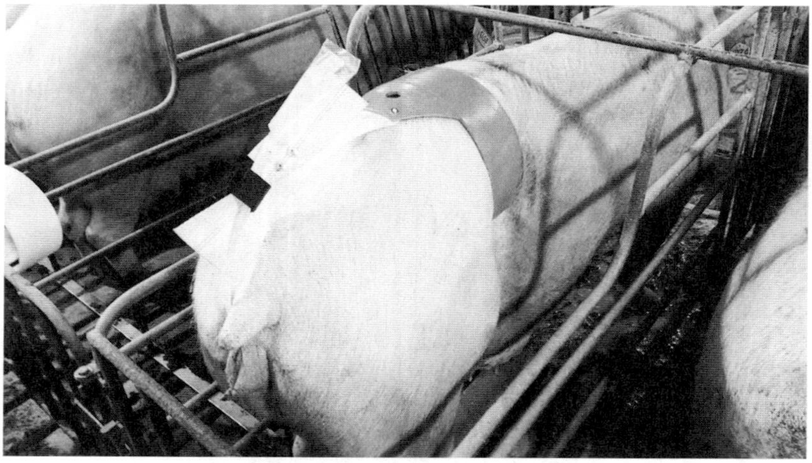

图 3-13 母猪人工授精示例

图 3-14 增加丰容玩具，提高动物福利

表 3-7 母猪信息卡

胎次	配种日期	公猪	预产期	实产期	活产仔	死胎/木乃伊胎	备注/耳标号
1							
2							
3							
4							
5							
6							
7							
8							

(七)猪群疫病防控与健康管理

1. 疫苗免疫

传染病的流行离不开 3 个要素(传染源、传播途径和易感动物),切断其中任何一项便可阻止其进一步传播。疫苗免疫是将易感动物转变为非易感动物的重要方法,在传染病防控过程中具有重要意义。由于病原微生物的种类、流行状况、猪群饲养管理情况、动物日龄和阶段、疫苗种类和质量各不相同,导致不同的猪场需要针对本场制定适合自身的免疫程序并加以实施(表 3-8)。

表 3-8 种猪场免疫程序示例

疾病名称	疫苗种类	免疫方式	免疫程序
口蹄疫	灭活苗	深部肌注	后备母猪:在适应区免疫 1~2 次 基础母猪:4 次/年;公猪:4 次/年 其他猪:60、90 日龄各免疫 1 次
猪瘟	细胞培养弱毒苗	深部肌注	后备母猪:在适应区 1~2 次 基础母猪:产后 7~10 天免疫 1 次 公猪:2 次/年,间隔 6 个月 其他猪:50~55 日龄,80~85 日龄,各免疫 1 次
猪伪狂犬病	弱毒苗(gE-)	深部肌注	后备公母猪:在适应区免疫 1~2 次 基础母猪:4 次/年;公猪:4 次/年
猪圆环病毒病	VLP 亚单位疫苗	深部肌注	仔猪 14 日龄免疫 1 次
猪繁殖与呼吸综合征	弱毒苗	深部肌注	后备公母猪:在适应区免疫 1~2 次 基础母猪:3~4 次/年;公猪:不免疫
日本乙型脑炎	弱毒苗	深部肌注	后备公母猪:2 次,在适应区间隔 3 周 母猪:2 次/年 (3 月和 9 月)(南方),1 次/年 3 月(北方) GTC 的公猪:同母猪
猪钩端螺旋体病 猪细小病毒病 猪丹毒	灭活苗	深部肌注	后备公母猪:在适应区免疫 2 次,间隔 3 周 基础母猪:产后 1 周免疫 1 次 公猪:2 次/年
大肠杆菌	灭活苗	深部肌注	后备公母猪:产前 5、2 周各免疫 1 次 基础母猪:产前 2 周免疫 1 次
回肠炎	弱菌苗	口服	后备公母猪:配种前 1 次,1 头份 哺乳仔猪:14~18 日龄,1 头份

2. 疫病诊断与监测

猪场的疫病诊断是一个非常复杂的系统工程,包括一系列的操作步骤和分析,最终需要根据猪场的具体状况推断出引起疫病的原因,并制定相应的预防或控制方案。首先,临床调查是疫病诊断的基础。基于猪群的临床表现和流行病学相关信息收集是建立初步假设的第一步。该阶段应该全面归纳(描述)疫病发生的情况，包括发病阶段、临床症状、发病时间、发病比例、发病顺序、潜在原因等以获得第一步的假设。在初步假设基础上，设计下一步的诊断程序，通过发病动物或死亡动物的病理剖检、临床样品收集和实验室检测获得检测数据，多方验证获得最终确诊信息。

在从临床采样到实验室检测获得准确的结果期间，需要大量科学的操作作为保障。如采样动物的选择、组织类型的选择、采样时间的合理、样品运输和保存方式的合理以及实验室检测方法的选用、检测操作的标准和数据分析的正确，诸多因素均为正确，才有可能获得对诊断和预防控制具有指导意义的实验室检测结果。

(1)动物挑选　尽量挑选不同发病时期的动物，主要包括发病急性期(24～48 h)的动物3～4头。其可代表猪群中的其他发病动物的总体状态，并且在临床症状上更具代表性。若要进行细菌分离检测，应避免采集已经使用药物治疗过的动物。

(2)血液样本采集　多数为活体动物采集，也有安乐死后短期内心跳仍在继续的阶段采集。幼龄仔猪(2月龄内)多用前腔静脉采血(图3-15A)，生长育肥猪多采用颈静脉采血以及尾静脉或耳静脉采血(图3-15B)。当血液样本用于血液学和生化检测时，需用含EDTA钠或肝素锂等抗凝剂的采血管采集。

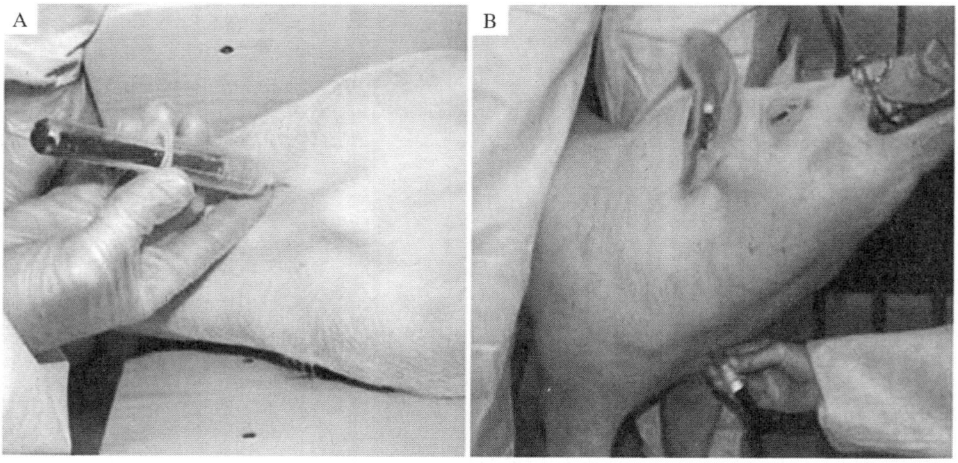

图3-15　猪只采血

(为保护采血人员安全以及避免交叉感染，当前采血建议佩戴手套)

(3)口腔液采集　通常以栏舍为单位进行检测，也可用于定位栏中单头母猪的检测，其可同时检测动物、环境中带病原的情况。该方法还可以用于抗体检测。口腔液采集需要使用吸水性较好的棉绳，将其悬挂于猪栏上，长度适中，使其垂下正好到达猪只的肩部高度以便于猪只咬嚼。待棉绳被猪只咀嚼潮湿后，将其剪下放入自封袋内，挤压棉绳收集口腔液致袋底，最后剪开自封袋将液体转移至离心管(图3-16)。

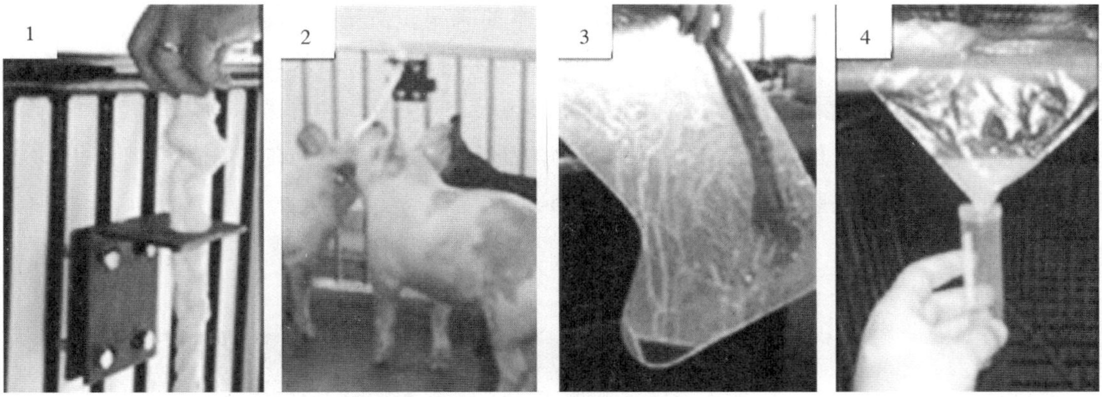

图 3-16　猪只口腔液的采集

(4)猪只拭子的采集　采样人员内戴乳胶手套,外戴一次性 PE 手套,外侧手套一头一换,避免交叉污染。使用 20 cm 的长棉签,同时采集鼻腔液或口腔液,确保棉签湿润,手避免接触猪只,将采集后的棉签放入装有 PBS 的管内。肛拭子的采集方法类似,可一只手抬起猪的尾部,另一只手采集。将采集后的样本放入冰盒中,低温保存,尽快运输、检测(图 3-17)。

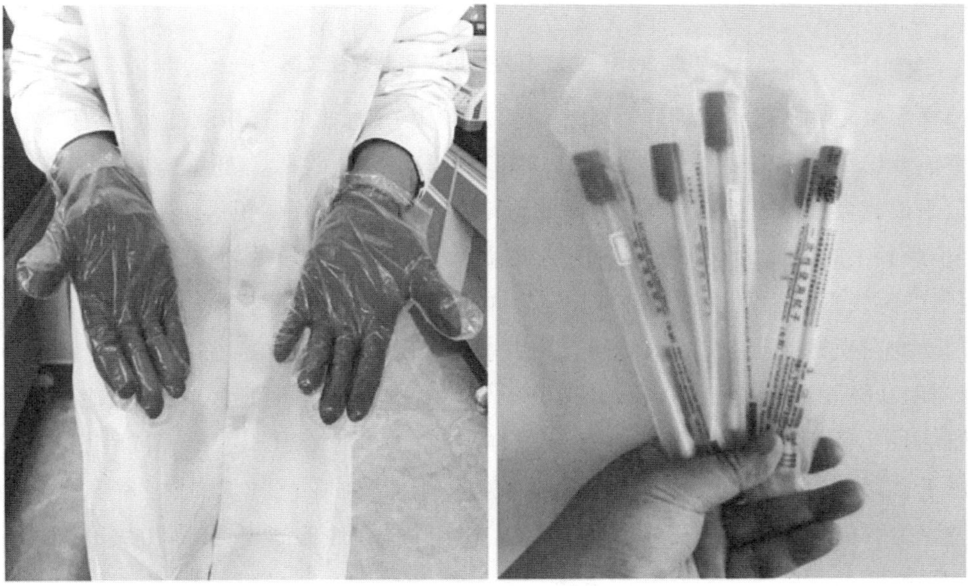

图 3-17　拭子采集

(5)环境样本采集　采样前可依据猪场区域电子地图做好采样区域划分,依据病原存在的风险大小,突出重点区域进行采样。如运输车辆、饮水器水嘴、食槽、漏缝地板夹缝,猪舍风机等。采样人员做好个人防护,戴双层手套,内侧乳胶手套,外侧佩戴一次性 PE 手套,一点一换。使用无菌纱布、多个棉签或大头棉签,经 PBS 沾湿后擦拭采样区域,采完后棉签插入管内,或将纱布放入自封袋,标记清楚位置。然后将样本放入冰盒中,低温保存,尽快运输送检。

(6)组织病理学样品采集　在疫病诊断过程中,组织病理学检测具有重要意义。通常用于组织病理学检测、组织化学(IHC)分析以及原位杂交(ISH)检测的组织样品都需要先进行固定。为确保采集到具有典型病变的组织，通常样本的采集位置需要靠近脏器病理损伤边缘区域，采集病灶与正常组织的交界处。在样品采集后，使用10%的福尔马林中性缓冲液浸泡，并且室温贮存。病料组织和福尔马林的体积比需要不低于1∶10。存放样本的广口瓶需有标签，并且详细记录动物的个体信息。来自同一动物的所有样本可以存放在同一个广口瓶中，不同动物来源的组织不可混装于同一个瓶内(图3-18)。

图3-18 猪场个人防护装备和剖检工具

(7)样品采集和运送注意事项 用于培养、病毒学分析或PCR检测的血液、尿液、唾液、乳汁、脑脊液或组织样本需要尽可能在无菌状况下进行采集。在取心肝脾肺肾等组织样本过程中，尽量采集较大比例的器官样本，从而便于实验室能够从较大体积的组织样本中获得无菌的部位。小肠和大肠样品可将肠道开放的两端系紧，保持肠道节段的闭合，然后整段送检。

用于细菌或真菌病原体的分离与鉴定的样品应尽量选择新鲜样品(<12～24 h)并保持无菌操作，动物在采样前至少2 d为使用过抗生素进行治疗。该类样品需在4 ℃冷藏(不可冷冻或者用福尔马林固定)。用于病毒分离或分子生物学检测的样品可4 ℃冷藏或冷冻，但不可用福尔马林固定。用于寄生虫的检测与鉴定的样品应在4 ℃冷藏(不能冷冻或者用福尔马林固定)。用于血清学检测的样品首选无菌采血获得的血液，可冷藏(4 ℃)或在室温保存(血清也可冷冻)。组织病理学检查所需样品应用10%福尔马林缓冲液固定，样品切块不可过大，最短固定时间为24 h，固定后常温保存和运输。

(8)兽医诊断实验室常规检测项目

①血清学检测：血清学检测是通过检测血清中某病原特异性的抗体来证明其感染或先前接触了特定的抗原。其既可用于疾病诊断，也可用于评估一些疫苗的免疫效果。当前猪场最常用血清学检测的项目包括非洲猪瘟病毒、猪繁殖与呼吸综合征病毒、猪瘟病毒、伪狂犬病病毒、猪流行性腹泻病毒的ELSIA抗体检测。其中伪狂犬病病毒可通过gE抗体的检测进行疫苗免疫与野毒感染的鉴别诊断。除ELISA检测方法最为常用之外，还有血凝抑制试验、胶体金免疫层析试验、免疫荧光抗体试验、补体结合试验和病毒中和试验等检测方法。在实际生产中，由于某些条件限制，它们并不经常被使用。

②分子生物学检测：分子生物学检测技术的基本原理是检测样本中特定病原体的核酸片段(DNA 或 RNA)。其检测的样本多样，可以包括全血、血清、口腔液、产房处理液、精液、各类拭子、粪便、组织以及各种环境监测样品。

聚合酶链式反应(PCR)：用于检测样本内可疑病原体 DNA 的一种快速诊断法。PCR 的关键组成部分是一对短的特异性 DNA 片段，称为引物，其序列与靶标 DNA 互补。在 DNA 聚合酶的作用下以所提取样品中的核苷酸为模板，合成子代 DNA。每个循环分为 DNA 的变性、引物的退火和新和成片段的延伸。常规 PCR 通常包括 DNA 核酸的提取、PCR 扩增和产物片段检测(琼脂糖凝胶电泳)，通过判断是否扩增出预期大小的核酸片段为阴阳性判断标准。

反转录 PCR(RT-PCR)：检测 RNA 的方法。其在常规 PCR 的基础上，增加了一步，通过使用逆转录酶以靶标 RNA 为模板合成其互补 cDNA 后再进行 PCR 反应。

实时定量 PCR(Real-time PCR)：利用特异性的探针或核酸染料。检测和量化在 PCR 扩增过程中由特异性探针或非特异性染料发出的荧光信号。并可通过建立标准曲线来推算病原在样品中的含量。该方法较常规 PCR 更为敏感，PCR 结束后便有结果，无须凝胶电泳鉴定，减少产物扩散导致的污染风险。

以上三种方法为目前实验室分子生物学诊断最为常用的方法。除此之外，还有基于等温扩增的 LAMP 检测、数字 PCR 技术、等温核酸扩增-重组酶聚合酶扩增技术、微流控芯片等，但并不常用。

③病毒的分离鉴定：通常病毒分离是通过将临床血清或组织病料，接种鸡胚、原代或传代细胞，获得纯培养的方式来实现，其后使用免疫荧光、电子显微镜或分子生物学技术对分离的病毒进行鉴定。观察病毒在细胞中增殖复制引起的细胞病变(cytopathogenic effect，CPE)是最常见的方法之一，但并非所有病毒感染细胞后均可以引起可见的 CPE，比如猪瘟病毒感染细胞后并无明显细胞病变。病毒分离后可方便进一步地做中和实验，序列测定或可用于猪群驯化过程中的病原暴露。虽有诸多好处，但病毒分离纯化对实验室条件要求较高，操作烦琐，主要为一些大型养殖集团的研究中心或研究机构开展该方面的工作所使用。

④药敏试验：将含有定量抗菌药物的滤纸片贴在已接种了测试的临床分离菌的琼脂表面，纸片中的药物在琼脂中扩散，抗菌药物的浓度随着扩散距离的增加而呈对数减少，在纸片的周围形成浓度梯度，抑菌圈的大小可以反映测试菌对药物的敏感程度。该实验对临床选取病原菌敏感的抗生素具有指导意义。

3. 猪群的健康保健与治疗

由于猪只为群体饲养，在生产过程中疫病的防控主要以预防为主。群体性疾病可通过饲料或饮水进行群体用药，通常包括针对细菌病的抗生素药物、抗应激类药物，以及免疫调节类药物。在药物使用时应注意物理性、化学性和疗效性的配伍禁忌。对少数非群发性疾病往往采取对症治疗方式。以下为某规模化猪场针对不同阶段的猪只常见临床症状的一些用药示例(表 3-9 至表 3-11)。

表 3-9 产房母猪常见疾病及治疗指南

原因	治疗用药(主要药物成分)	疗程	肌注剂量	休药期
无乳综合征 MMA(发烧、产奶少、阴道流脓、乳房红肿、不吃料,出现两种或以上)	沃瑞特(头孢噻呋钠)	3 d	10 mL 稀释, 5 mL(后备), 8 mL(经产)	4 d
	催产素	1～3 d	2 mL/(头·次·d)	NA
	普得平(氟尼辛普甲胺)	1～3 d	5 mL(后备), 10 mL(经产)	28 d
泌乳不良(不发烧)	催产素	2～3 d	2 mL/(头·次·d)	NA
瘸腿	恩育健(恩诺沙星)	7/14 原则	5 mL(后备), 10 mL(经产)	10 d
	普得平(氟尼辛普甲胺)	3 d	5 mL(后备), 10 mL(经产)	18 d
创伤	万喷(甲基苯酚)	直至伤口愈合	1 次/d	NA
不吃料(不发烧)	复合维生素 B	单针	1 针	NA
不吃料(发烧)	莫倍佳(阿莫西林钠)	3 d	10 mL 稀释,2～3 g/次,2 次/d	14 d
	普得平(氟尼辛普甲胺)	3 d	5 mL(后备), 10 mL(经产)	28 d
肺炎(咳嗽、呼吸困难、发烧)	30%氟苯尼考注射液	至少 2 次	6 mL(后备), 12 mL(经产)	14 d
	普得平(氟尼辛普甲胺)	3 d	5 mL(后备), 10 mL(经产)	28 d
腹泻	恩育健(恩诺沙星)	3～5 d	5 mL(后备), 10 mL(经产)	10 d
血痢	5%乙酰甲喹	5 d	12 mL(后备), 24 mL(经产)	35 d

表 3-10 配怀母猪疾病及治疗指南

原因	治疗用药(主要药物成分)	疗程	肌注剂量	休药期
瘸腿	恩育健(恩诺沙星)	7～14 d	5 mL(后备), 10 mL(经产)	10 d
	普得平(氟尼辛普甲胺)	7～14 d 原则	5 mL(后备), 10 mL(经产)	18 d
创伤	万喷(甲基苯酚)	/	1 次/d	NA
不吃料(不发烧)	复合维生素 B	单针	1 针	NA

续表 3-10

原因	治疗用药(主要药物成分)	疗程	肌注剂量	休药期
不吃料(发烧)	莫倍佳(阿莫西林钠)	3 d	10 mL 稀释,2～3 g/次,2 次/d	14 d
	普得平(氟尼辛普甲胺)	3 d	5 mL(后备),10 mL(经产)	28 d
黄色流脓	莫倍佳(阿莫西林钠)	3 d	10 mL 稀释,2～3 g/次,2 次/d	14 d
流产	莫倍佳(阿莫西林钠)	3 d	10 mL 稀释,2～3 g/次,2 次/d	14 d
肺炎(咳嗽、呼吸困难、发烧)	30%氟苯尼考注射液	2～3 次	6 mL(后备),12 mL(经产)	14 d
	普得平(氟尼辛普甲胺)	3 d	5 mL(后备),10 mL(经产)	28 d
腹泻	恩育健(恩诺沙星)	3～5 d	5 mL(后备),10 mL(经产)	10 d
血痢	5%乙酰甲喹	5 d	12 mL(后备),24 mL(经产)	35 d

表 3-11 公猪疾病及治疗指南

原因	治疗用药(主要药物成分)	疗程	肌注剂量	休药期
瘸腿	恩育健(恩诺沙星)	7/14 原则	7～10 mL/(次·d)	10 d
	普得平(氟尼辛普甲胺)	7/14 原则	13～15 mL/(次·d)	18 d
创伤	万喷(甲基苯酚)	/	1 次/d	NA
不吃料(不发烧)	复合维生素 B	单针	1 针	NA
不吃料(发烧)	莫倍佳(阿莫西林钠)	3 d	10 mL 稀释,3～4 g/次,2 次/d	14 d
	普得平(氟尼辛普甲胺)	3 d	13～15 mL/(次·d)	28 d
肺炎(咳嗽、呼吸困难、发烧)	30%氟苯尼考注射液	2～3 次	15～18 mL/次,2 d/次	14 d
	普得平(氟尼辛普甲胺)	3 d	13～15 mL/(次·d)	28 d
腹泻	恩育健(恩诺沙星)	3～5 d	7～10 mL/(次·d)	10 d
血痢	5%乙酰甲喹	5 d	30～35 mL/(次·d)	35 d

4.要求掌握的内容

(1)了解猪的正常体温范围是多少,确定不同日龄或类型的猪是否有差别。

(2)明确疫苗的定义,了解致弱活疫苗与灭活苗有何区别。熟悉猪场常规免疫的病原种类,弄清实习猪场所用各类疫苗的类别。

(3)了解后备猪免疫驯化的方式和意义,以及不同方式的优缺点。

(4)了解什么是免疫程序、制定的原则、影响免疫程序的因素。

(5)了解猪场疫苗如何存储以及不同类型疫苗是否存在区别。

(6)猪场疫苗免疫的方式有哪些,除注射免疫外还有哪些免疫方式。

(7)了解初乳的特性、母源抗体的定义以及母源抗体对疾病控制与疫苗首免时间的影响情况。

(8)了解超前免疫的概念、目的和操作注意事项。

(9)了解什么叫二联苗或多价苗。

(10)了解佐剂的定义、作用以及发挥作用的机制等。

(11)了解猪场常用的抗体监测方法有哪些,抗体监测有何意义。

(12)了解猪场可能流行的人畜共患病有哪些?按国家规定当发生人畜共患病或非洲猪瘟、口蹄疫等重大动物疫病时猪场应该如何上报和处置。

(13)了解临床剖检的流程、意义和注意事项。了解动物剖检时的必要个人防护措施,懂得如何在剖检动物的时候做好自我保护。

(14)从采样动物种类和数量、采样组织和病灶区域选择、病料保存和运送方式等多个角度理解猪场病料采集的注意事项。

(15)理解实验室检测的意义,掌握常规的实验室检测方法以及其基本原理。

(16)了解引起流产的常见病毒病、细菌病各有哪些。

(17)了解引起呼吸道症状的常见病毒病、细菌病各有哪些。

(18)了解引起产房仔猪腹泻的常见病毒病、细菌病各有哪些。

(19)了解若仔猪出现神经症状,优先怀疑的病毒病和细菌病各是什么。

(20)了解猪场常见的免疫抑制性疾病有哪些。

(21)了解引起断奶仔猪多系统衰竭综合征的病原是什么,发病诱因有哪些。

(22)了解标记疫苗在鉴别诊断中的优势,以猪伪狂犬病为例,懂得如何区分猪群产生的伪狂犬病毒抗体来自疫苗免疫还是野毒感染所致。

(23)掌握猪场常用药物的名称、有效成分、用途和基本作用原理。

(24)理解什么是用药配伍禁忌,猪场常用药中的配伍禁忌有哪些。

(25)了解猪场抗生素给药途径有哪几种,其各有什么优缺点。

(26)了解什么是休药期,了解药物残留对食品安全的危害。

(27)了解猪场细菌产生耐药性有何危害,如何避免,知道可通过什么实验来帮助选择合适的抗生素。

五、实习考核要求

通过猪场实习项目,让学生基本了解我国生猪产业发展历史、现况和发展趋势;对猪场疫病流行现状和防控原则有基本认知;通过到现场参与猪场日常工作,与一线养殖人员或兽医等技术人员的交流学习，熟悉实际操作流程，对养猪生产产生直观认识。在实践中了解和熟悉猪场规划设计原则、功能分区、生物安全体系的建立和运行管理机制以及核心要素和实施细节；掌握疫病防控和健康管理相关的诊断、免疫预防、治疗和处理、疫病净化等相关技术的基本原理和操作注意事项。

重点培养学生利用所学的兽医微生物学、兽医免疫学、兽医寄生虫学、兽医病理学、诊断学和药理毒理学以及各临床学科所学知识，结合现场情况综合分析猪群健康问题，提升学生实际解决问题能力。在此过程中，除提升专业知识和技能之外，还将在情境中综合培养学生的社会交往、沟通协作和复杂问题的处理能力。

因此，猪场实习环节中应重点考核学生是否掌握了规模化猪场生物安全防控体系的基本要素和关键控制点，猪群生产和健康管理相关基本指标参数和操作流程以及疾病诊断、预防和控制的相关知识和具体操作技术；考核其是否提升了理论联系实际，分析和解决猪场猪群健康问题的能力。

六、思考题

(1)猪场猪只流动方向：净区→灰区→脏区(离开净区的猪只禁止返回净区)，从生物安全管理的角度分析这样操作有何好处？有哪些措施能够降低由猪群移动引起的疾病传播？猪舍做到全进全出的好处？

(2)猪舍、车辆、出猪台等清洗后干燥的意义是什么？冬天气温较低地区消毒剂使用会有何挑战？如何提升消毒效率以及如何验证消毒效果？

(3)猪群中可能感染的一类动物传染病有哪些？列举 3～4 个重大疾病的防控要点。

(4)疫病发生时，临床和实验室诊断的流程是什么？在采样过程中，从动物、脏器和病灶区域的选择以及病料的运输等角度阐述临床病料采集和送检的注意事项。

(5)为什么不同的猪场免疫程序不一定相同？猪场的免疫程序制定与哪些因素有关？如何调整和优化免疫程序？

(6)如何在猪场合理使用抗生素？(从给药方式、药物配伍、抗生素种类选择、降低耐药性、减少药物残留风险等角度思考)

七、参考文献

[1] ZIMMERMAN J J, KARRIKER L A, RAMIREZ A, et al. Diseases of swine. 11th ed. Wiley Blackwell New Jersy: 2019.

[2] CARR J. The basic stockmanship guide: pigs, hogs and swine. Servet, 2013.

[3] CARR J. Swine disorders guide. Servet, 2014.

[4] SEGALÉS J, MARTÍNEZ J, CASTELLÀ J, et al. Handbook of laboratory diagnosis in swine. Servet, 2013.

[5] 国家生猪产业体系. 中国现代农业产业体系可持续发展战略研究：生猪分册. 北京：中国农业出版社，2016.

The fourth chapter

The fourth chapter

第4章

规模化牛场实习指导

The fourth chapter

The fourth chapter

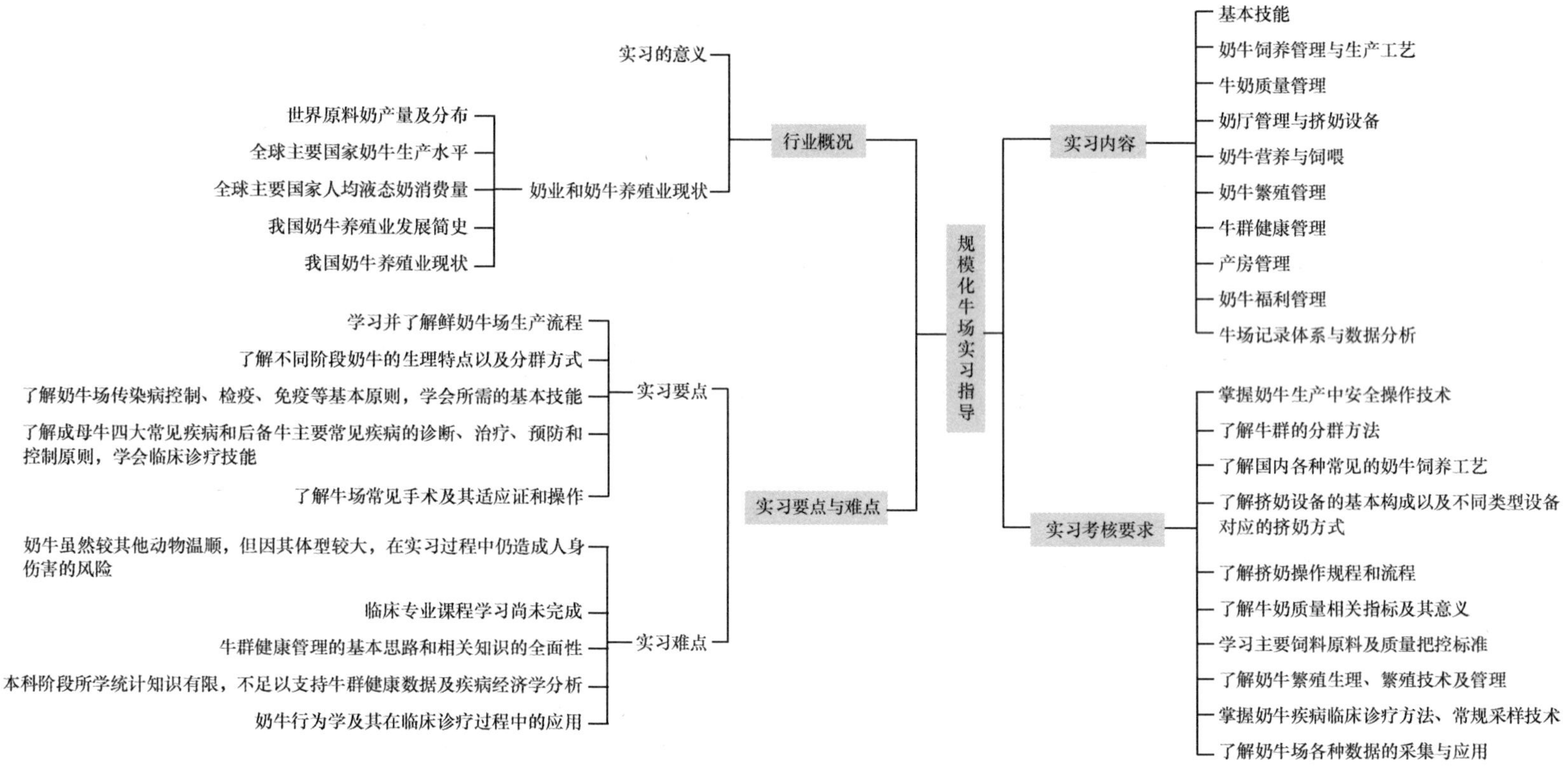
规模化牛场实习指导
行业概况
实习的意义
奶业和奶牛养殖业现状
世界原料奶产量及分布
全球主要国家奶牛生产水平
全球主要国家人均液态奶消费量
我国奶牛养殖业发展简史
我国奶牛养殖业现状
实习要点与难点
实习要点
学习并了解鲜奶牛场生产流程
了解不同阶段奶牛的生理特点以及分群方式
了解奶牛场传染病控制、检疫、免疫等基本原则，学会所需的基本技能
了解成母牛四大常见疾病和后备牛主要常见疾病的诊断、治疗、预防和控制原则，学会临床诊疗技能
了解牛场常见手术及其适应证和操作
实习难点
奶牛虽然较其他动物温顺，但因其体型较大，在实习过程中仍造成人身伤害的风险
临床专业课程学习尚未完成
牛群健康管理的基本思路和相关知识的全面性
本科阶段所学统计知识有限，不足以支持牛群健康数据及疾病经济学分析
奶牛行为学及其在临床诊疗过程中的应用
实习内容
基本技能
奶牛饲养管理与生产工艺
牛奶质量管理
奶厅管理与挤奶设备
奶牛营养与饲喂
奶牛繁殖管理
牛群健康管理
产房管理
奶牛福利管理
牛场记录体系与数据分析
实习考核要求
掌握奶牛生产中安全操作技术
了解牛群的分群方法
了解国内各种常见的奶牛饲养工艺
了解挤奶设备的基本构成以及不同类型设备对应的挤奶方式
了解挤奶操作规程和流程
了解牛奶质量相关指标及其意义
学习主要饲料原料及质量把控标准
了解奶牛繁殖生理、繁殖技术及管理
掌握奶牛疾病临床诊疗方法、常规采样技术
了解奶牛场各种数据的采集与应用

一、行业概况

(一)实习的意义

牛奶是世界各国普遍接受的营养食品，被人们誉为“最接近完美的食物”，有“白色血液”之称，是理想的天然食品。奶业发展事关民众健康、国计民生和民族未来，意义重大。优质牛奶源于优质奶源，优质奶源应产自健康的奶牛，而兽医工作是奶牛健康的基础。

奶牛养殖代表着一个国家现代畜牧业水平，兽医在牧场中不仅通过日常诊疗、健康管理为减少养殖过程中因疾病造成的经济损失，还要通过治疗规程的制定、检免疫工作的执行为食品安全和公共卫生提供良好的保障。兽医专业的学生是行业的后备力量，代表着行业的未来。本科阶段参加牧场实习，有助于学生系统了解行业发展现状，加深专业知识的感性认知，训练专业技能的熟练程度，培养全面的解决问题能力，为未来的职业发展规划奠定良好的基础。

(二)世界奶业和奶牛养殖业现状

1. 世界原料奶产量及分布

据联合国粮农组织(FAO)统计，至2018年年底，全球原料奶总产量为84 300万t，其中牛奶总产量为68 320万t(不含水牛奶)，约占原料奶总产量的81%。2019年，全球原料奶总产量为85 220万t，其中亚洲总产奶36 020万t，占比42.3%；欧洲22 630万t，占比26.6%；北美洲12 670万t，占比14.9%；南美洲6 150万t，占比7.2%；非洲4 580万t，占比5.5%；大洋洲3 070万t，占比3.6%。据统计，我国2019年原料奶产量3 305万t，排名世界第六，前五位的国家和地区分别为印度(19 618万t)、欧盟(16 760万t)、美国(9 906万t)、巴基斯坦(4 730万t)和巴西(3 490万t)。

2. 全球主要国家奶牛生产水平

据统计，2019年全球奶牛单产水平最高的国家为以色列，平均每头牛每年产奶11.85 t。北美地区的加拿大奶牛单产为10.68 t/(头•年)，美国为10.61 t/(头•年)。欧洲的荷兰奶牛单产为8.67 t/(头•年)，德国为8.09 t/(头•年)。大洋洲的澳大利亚奶牛单产为6.17 t/(头•年)，新西兰为4.40 t/(头•年)。我国奶牛单产为7.80 t/(头•年)。

3. 全球主要国家人均液态奶消费量

据国际乳品联合会(IDF)统计，2018年欧盟28国人均液态奶消费量为59.4 kg/年，奶酪消费量为18.9 kg/年；美国人均液态奶消费量为68 kg/年，奶酪消费量为17.2 kg/年；加拿大人均液态奶消费量为76.3 kg/年，奶酪消费量为14.3 kg/年；澳大利亚人均液态奶消费量为101.8 kg/年，奶酪消费量为11.8 kg/年；新西兰人均液态奶消费量为105.4 kg/年，奶酪消费量为8.4 kg/年；日本人均液态奶消费量为31.3 kg/年，奶酪消费量为2.6 kg/年；韩国人均液态奶消费量为30.6 kg/年，奶酪消费量为3.2 kg/年；我国液态奶人均消费量仅为21.4 kg/年，奶酪人均消费量可以忽略不计。

(三)国内养牛业概况

1. 我国奶牛养殖业发展简史

新中国成立时，我国奶牛存栏仅12万头，全国牛奶总产20万t，单产水平仅2 564 kg/(头•年)。1975年，全国奶牛存栏41万头，牛奶总产89万t，单产3 369 kg/(头•年)。1990年，全国奶牛存栏269万头，牛奶总产416万t，单产2 377 kg/(头·年)。2000年，全国奶牛存栏489万头，牛奶总产827万t，单产2 605 kg/(头·年)。2005年，自蒙牛澳亚和林牧场建成后，我国奶牛养殖业快速发展，牧场规模化程度逐渐提升，万头牧场在国内不断建成并投入运营。至2019年，我国奶牛全群存栏约1 037万头，牛奶总产3 201万t，单产达到7 800 kg/(头·年)。

2. 我国奶牛养殖业现状

根据2019年的统计数据，我国奶牛全群存栏约1 037万头，其中成母牛存栏量约500万头(国家奶牛产业技术体系)，单产约7 800 kg/(头·年)。养殖总量前五的地区分布为新疆(154.00万头)、内蒙古(122.50万头)、河北(115.00万头)、黑龙江(107.60万头)和山东(89.94万头)。牛奶产量前五的地区分布为内蒙古(583.9万t)、黑龙江(467.7万t)、河北(433.8万t)、山东(235.4万t)和新疆(208.9万t)。

随着行业的快速发展，奶牛单产水平逐渐提高。2019年奶牛单产超过13 000 kg/(头·年)的规模化牧场达4个，超过12 000 kg/(头·年)的牧场24个。在集团化牧场中，9个集团全群单产水平超过10 000 kg/(头·年)，其中4个头年单产超过11 000 kg。

二、实习目标

无论是国内还是国外，牛场都是临床兽医重要的实践场所之一。动物医学专业本科生牛场实习，将从“认知、理论、实践、思维”四个方面培养学生，使其了解奶牛场的生产工艺与生产过程；熟悉奶牛兽医临床基础知识；掌握奶牛临床基本操作技能；训练疾病的诊疗与防控思维，以及角色思维的转变。通过现场观摩、现场操作、课程讲解等方式，引导学生理论联系实际，将所学的理论知识在生产中应用与练习，增强其对行业的认知，培养其职业兴趣与拓宽行业视野。

三、实习要点与难点

1. 实习要点

(1)学习并了解奶牛场生产流程，包括饲养管理、生产工艺、牛群健康管理、繁殖管理、营养与饲喂、奶厅管理等管理要点。

(2)了解不同阶段奶牛的生理特点以及分群方式。

(3)了解奶牛场传染病控制、检疫、免疫等基本原则，学会所需的基本技能。

(4)了解成母牛四大常见疾病和后备牛主要常见疾病的诊断、治疗、预防和控制原则，学会临床诊疗技能。

(5)了解牛场常见手术及其适应证和操作。

2. 实习难点

本科生牧场实习环节在三年级结束后的暑期进行，此时很多学生的主要专业课程尚未讲授，所以学生的知识深度还有欠缺，另外，奶牛场生产是多学科系统性工作，涉及畜牧学多个方向的知识，所以学生的知识广度也有所不足。故此，实习难点主要表现为以下5点。

(1)奶牛虽然较其他动物温顺，但因其体型较大，在实习过程中仍存在造成人身伤害的风险。

(2)临床专业课程学习尚未完成，本科生对专业知识的掌握不足以清晰了解各种疾病的病因、病机和临床诊疗知识。

(3)牛群健康管理的基本思路和相关知识的全面性，尤其是涉及奶牛营养、繁殖、管理、环境控制等方面的内容，多是我们在专业课程设置中没有学习过的内容。

(4)本科阶段所学的统计知识有限，不足以支持牛群健康数据及疾病经济学分析。

(5)奶牛行为学及其在临床诊疗过程中的应用。

四、实习内容

牛场实习采用理论知识结合实践教学的方式开展。通过理论授课，学生能系统了解奶牛场生产的各环节基础知识；通过实践教学，学生能掌握奶牛生产和牛场兽医临床工作过程中的基本技能。理论学习部分根据生产环节及生产过程中的主要模块划分，同时侧重奶牛场兽医临床诊疗相关各学科的知识。实践教学部分以生产中常用的技术、临床诊疗技能和影响疾病发生、发展及转归环节相关的实操技能为主，进行教授、示范和实操。实习期间主要内容见表4-1。

表 4-1　牛场主要实习内容

实习方式	内容
理论授课	(1)奶牛的主要品种与生产工艺 (2)奶牛行为学 (3)奶牛分群与生理基础 (4)奶牛疾病临床诊断技术 (5)奶牛临床用药及给药方式 (6)奶牛繁殖生理与繁殖管理 (7)牛奶质量控制与挤奶工艺 (8)难产助产
实践教学	(1)奶牛福利与舒适度评估 (2)常规临床诊断方法 (3)常用临床采样方式 (4)跛行诊断与修蹄 (5)挤奶操作与乳腺炎 (6)新产牛检查与血酮检测 (7)病理剖检与病理学诊断样品采集 (8)产房管理与难产诊断 (9)新生犊牛护理与初乳质量判定 (10)发情观察与人工授精 (11)妊娠诊断 (12)后备牛体尺测量与成母牛体况评分 (13)饲料认知与青贮感官评价 (14)TMR 质量判定与宾州筛、粪筛的使用

(一)基本技能

要求学生在实习过程中了解的奶牛临床兽医基本技能，并在实习过程中学习实践的技术。要求学生了解驱赶奶牛的方法、生产中常用的保定技术、行为观察等操作。

1. 奶牛的肢体语言

奶牛的肢体语言见图 4-1。

图 4-1　不同情况下牛尾的形态

（译自 Understanding dairy cattle behavior to avoid animal-related accidents on the farm. Farm safety fact sheets. ）

2. 奶牛的行为学基础

奶牛的行为学基础见图 4-2 至图 4-4。

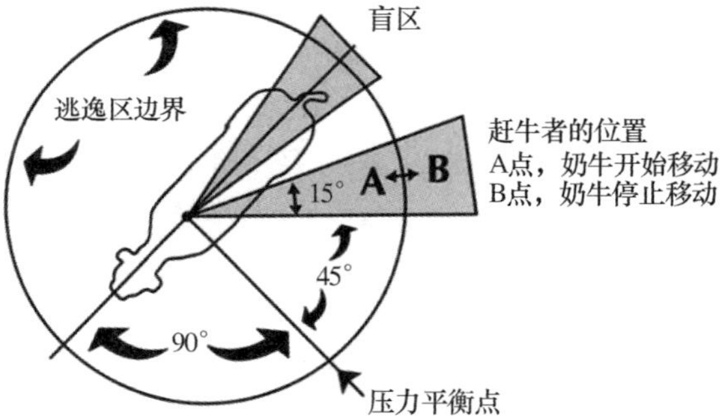

图 4-2　奶牛的视野及逃逸区

（译自 National Beef Quality Assurance Training Manual）

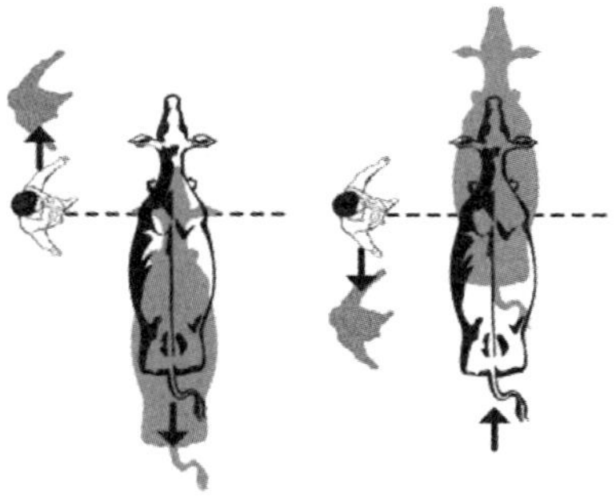

图 4-3　压力平衡点与牛前后移动

（引自 https://www. worksafe. govt. nz/topic-and-industry/agriculture/working-with-animals/working-with-cattle/safe-cattle-handling-guide/）

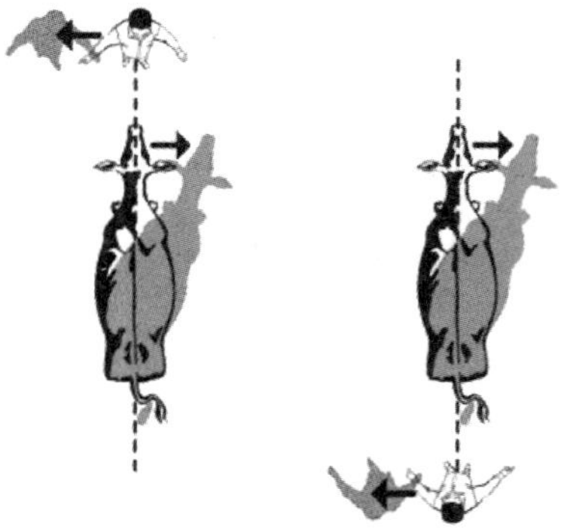

图 4-4　人的位置与奶牛左右移动

（引自 https://www. worksafe. govt. nz/topic-and-industry/agriculture/working-with-animals/working-with-cattle/safe-cattle-handling-guide/）

3. 驱赶奶牛的方法

驱赶奶牛的方法见图 4-5 至图 4-6。

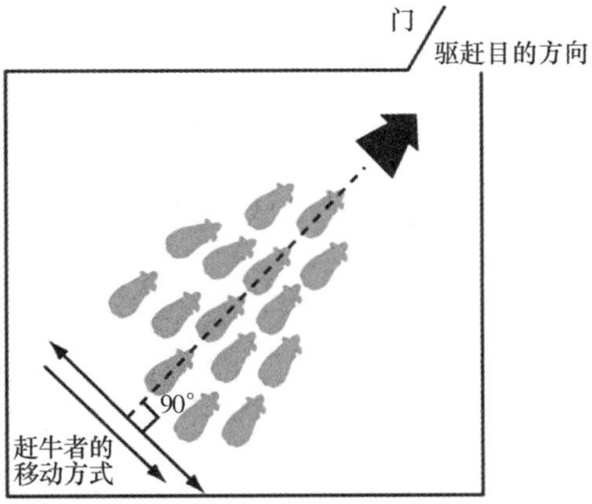

图 4-5　向特定目标位置驱赶奶牛的方式

(译自 https://www.worksafe.govt.nz/topic-and-industry/agriculture/working-with-animals/working-with-cattle/safe-cattle-handling-guide/)

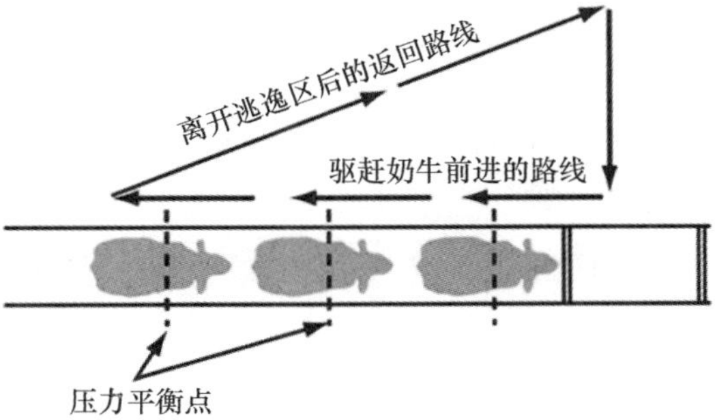

图 4-6　驱赶通道内奶牛的方法

(译自 https://www.worksafe.govt.nz/topic-and-industry/agriculture/working-with-animals/working-with-cattle/safe-cattle-handling-guide/)

4. 奶牛常规保定方法

奶牛常规保定方法见图 4-7 至图 4-9。

图 4-7　使用颈枷保定奶牛

图 4-8　使用保定架保定奶牛

(引自 http://cmapspublic3.ihmc.us/rid=1N9H8KQSL-18Q6P7N-16L2/Cattle%20Restraint.jpg)

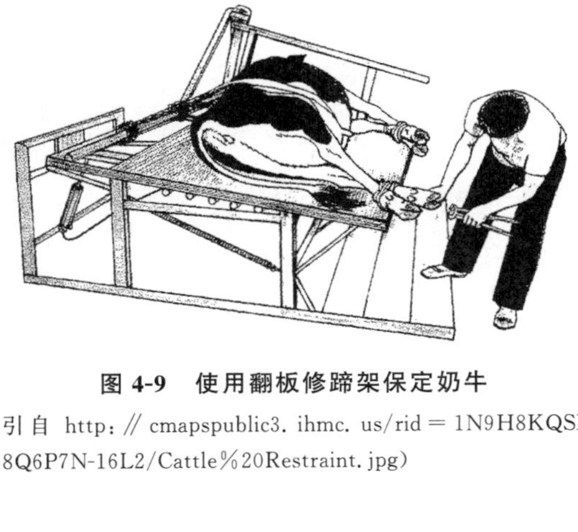

图 4-9　使用翻板修蹄架保定奶牛

(引自 http://cmapspublic3.ihmc.us/rid=1N9H8KQSL-18Q6P7N-16L2/Cattle%20Restraint.jpg)

要求掌握的实习内容如下：

(1)奶牛的驱赶方法，不同目的、不同条件下的奶牛保定方法、奶牛行为观察、奶牛福利。

(2)临床诊断方法：视诊、听诊、触诊、叩诊、体温检测、脱水、毛细血管再充盈时间、直肠检查、尿酮检测、结核检疫等。

(3)临床采样方法：奶样、血样、尿样、粪样等。

(4)剖检及病理解剖学诊断，病理学诊断样品的采集。

(5)疾病治疗方法：各种给药方法(注射、灌服、乳区给药等)、去角、修蹄、常见外科手术及麻醉等。

(6)产科基础：人工授精、妊检、难产诊断及处理、常见产科病的诊疗。

(7)记录及处方。

(8)牛群健康数据采集及分析。

(9)牛场生物安全管理及牛群健康控制基本思路。

(二)奶牛饲养管理与生产工艺

该部分理论部分主要涉及奶牛主要品种与生产工艺、奶牛行为学以及奶牛分群与生理基础内容，实践部分主要为奶牛福利与舒适度评估、后备牛体尺测量与成母牛体况评分等内容。要求学生了解奶牛分群管理原则、各阶段饲养管理要点并能够完成后备牛体尺测定、成母牛体况评分等操作。

1.常见的奶牛品种

全球现有800余种奶牛，但最常见、养殖数量最多的共6种，分别为荷斯坦奶牛、娟姗牛、瑞士褐牛、更塞牛、爱尔夏牛和乳用短角牛。养殖者在选择奶牛品种时会受到地理位置、市场需求等因素的影响，上述6个品种的奶牛之所以成为常见品种，其各自特性是主要决定因素。表4-2和表4-3为6个常见奶牛品种及其生乳理化指标的简单介绍。

表4-2　常见奶牛品种及基本特点

	荷斯坦奶牛(Holstein) 俗称：黑白花奶牛 原产地：荷兰 成年体重：540～680 kg 年产奶量：10 000 kg/头
	娟姗牛(Jersey，又称泽西牛) 俗称：小美人儿 原产地：泽西岛 成年体重：～450 kg 年产奶量：7 500 kg/头

续表 4-2

	瑞士褐牛(Brown Swiss) 俗称:老甜心 原产地:瑞士 成年体重:～680 kg 年产奶量:8 400 kg/头
	更塞牛(Guernsey) 俗称:法国金牛 原产地:更塞岛 成年体重:～500 kg 年产奶量:7 500 kg/头
	爱尔夏牛(Ayrshire) 俗称:苏格兰勇士 原产地:苏格兰 成年体重:～540 kg 年产奶量:8 200 kg/头
	乳用短角牛(Milking Shorthorn) 俗称:开拓者 原产地:英格兰 成年体重:～570 kg 年产奶量:8 000 kg/头

表 4-3　不同品种奶牛的生乳理化指标

品种	产奶量/(kg/年)	乳脂率/%	乳蛋白率/%	成年体重/kg
荷斯坦奶牛	10 000	3.7	3.1	680
娟姗牛	7 500	4.7	3.8	450
瑞士褐牛	8 400	4.0	3.6	680
更塞牛	7 500	4.5	3.5	500
爱尔夏牛	8 200	4.0	3.3	540
乳用短角牛	8 000	3.7	3.3	570

注:数据源于美国育种协会,1997。

2. 奶牛生产概要

在奶牛养殖过程中，根据其生理或生产阶段、生产环节以及用途、流程概况如图 4-10 所示。

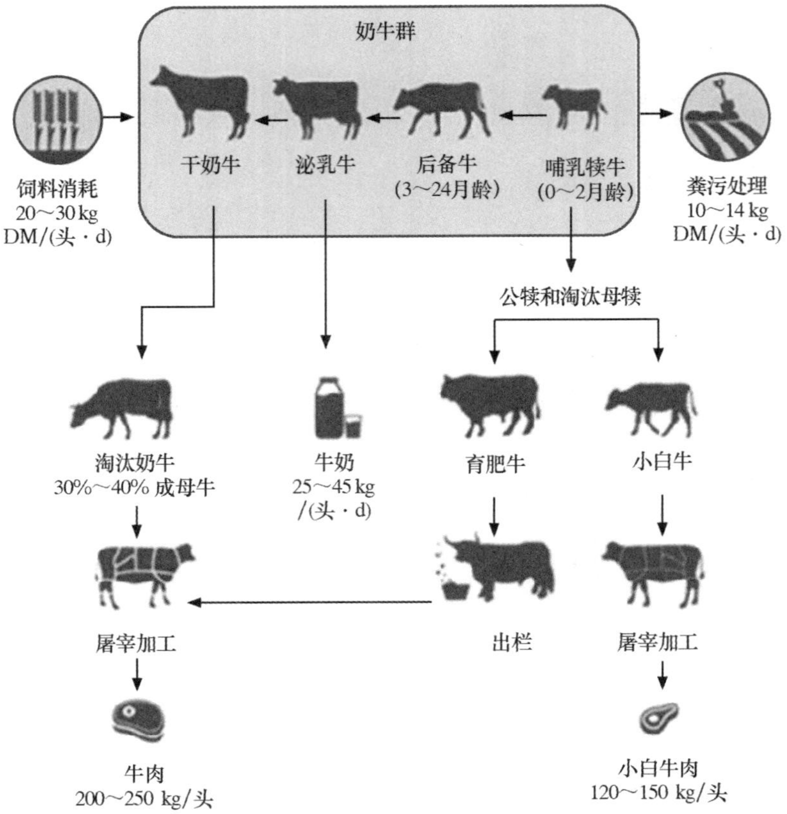

图 4-10　奶牛生产概要

(译自 FAO Environmental performance of large ruminant supply chains: Guidelines for assessment. Version 1)

3. 奶牛饲养方式

因地域、政策、历史等因素的影响，目前奶牛饲养方式可分为放牧式(图 4-11)、拴系式(图 4-12)、散栏式(图 4-13)和散放式(图 4-14)等。

图 4-11　放牧式饲养模式

图 4-12　拴系式饲养模式

图 4-13　散栏式饲养模式

图 4-14　散放式饲养模式

4. 奶牛分群与阶段划分

根据奶牛不同生长发育和生理阶段特点，习惯上的牛群划分如下。

(1)后备牛

犊牛：0～183 日龄，其中 0～60 日龄为哺乳期犊牛，61～183 日龄为断奶犊牛。

育成牛：184～458 日龄。

青年牛：459 日龄至产犊。

(2)成母牛　青年牛产犊后转入成母牛群，成母牛根据其生理、泌乳阶段可划分为：

①干奶牛

干奶前期：干奶日至预产期前 3 周。

干奶后期：又称围产前期，预产期前 3 周至产犊。

②泌乳牛

新产期：又称围产后期，产犊至产后 21 d。

泌乳期：产后 22 d 至干奶日。

5. 后备牛生长发育指标

在牧场管理过程中，定期测量后备牛的体高和胸围，用以评估各阶段后备牛饲养管理状况，并根据其生长发育曲线回推此前生产管理是否存在问题。各阶段后备牛生长发育指标参见表 4-4，后备牛生长发育曲线示例见图 4-15。

表 4-4 各月龄后备牛生长发育指标

月龄	体高/cm	胸围/cm	体重/kg
6	106	128	185
12	123	157	330
13	126	170	360
产犊	140	193	550

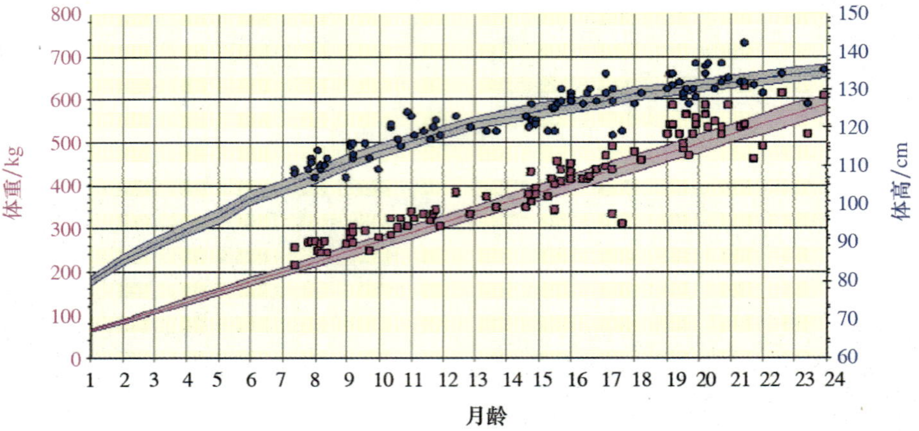

图 4-15 后备牛生长发育曲线示例

蓝色区域为随日龄改变的体高增长的范围，蓝色圆点为实测数值，红色区域为随日龄改变的体重增长范围，红色方点为实测数值。

6. 泌乳性能与奶牛能量需求

图 4-16A 为胎次头日产的拟合曲线（泌乳曲线），奶牛在产后 40～50 d 前后达到泌乳高峰。奶牛产后直至泌乳高峰期，乳腺腺泡高度发达。在泌乳后期，乳腺腺泡不断退化，直到泌乳期结束。图 4-16B 为一个泌乳期内奶牛能量的变化，当产奶量达到泌乳高峰时，奶牛所需的能量达到最高点。同时，摄入的能量不能满足能量需要，导致奶牛动用机体储备的能量——脂肪。能量负平衡的状态随着泌乳后期产奶量的下降而改善。

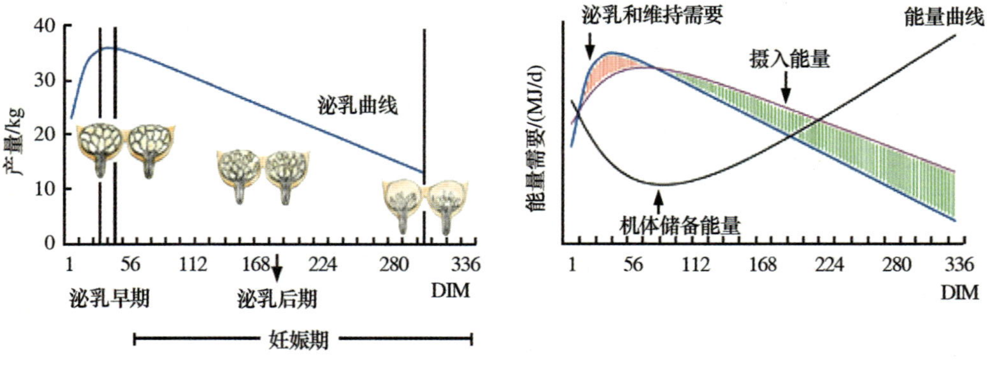

图 4-16 泌乳曲线和泌乳期 340 d 内的能量摄入和需求变化

（注：DIM，days of milk，泌乳天数）

7. 奶牛的日常活动(表 4-5)

表 4-5　奶牛每日时间分配

行为	时长/h
采食	3～5 (9～14 次/d)
躺卧/休息	12～14
社交	2～3
反刍	7～10
饮水	0.5
舍外活动(挤奶,行走)	2.5～3.5

8. 奶牛体况评分

奶牛体况评分(BCS)用于牧场在日常生产管理中评估个体奶牛的能量储备状况,同时可根据不同阶段牛群的体况评分估测群体的营养状况。目前国内多用 5 分制评分方法(表 4-6),关键部位为臀部、尾根、坐骨结节和腰椎横突(图 4-17)。

表 4-6　奶牛体况评分

分值	模式图	体况	细节描述
BCS 1 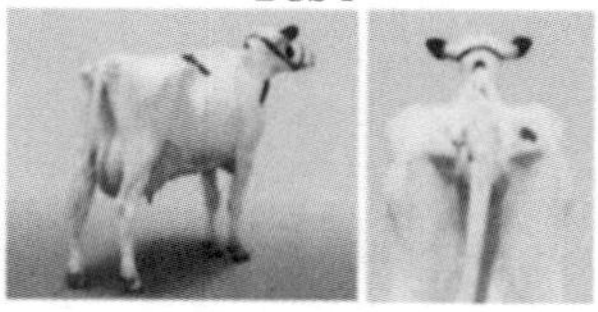		瘦弱	尾根深陷,腰椎横突和脊柱明显可见,臀部仅有少量肌肉,荐髂韧带清晰可见,髂骨结节和坐骨结节凸出,荐坐韧带明显可见。
BCS 2 	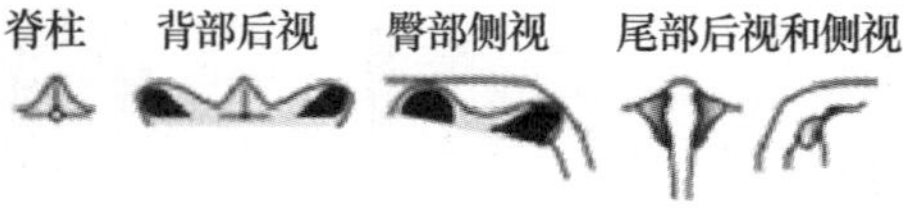	偏瘦	尾根凹陷,腰椎横突清晰易数,髋骨下凹很深,荐骨及坐骨和连接二者的韧带明显突出。
BCS 3 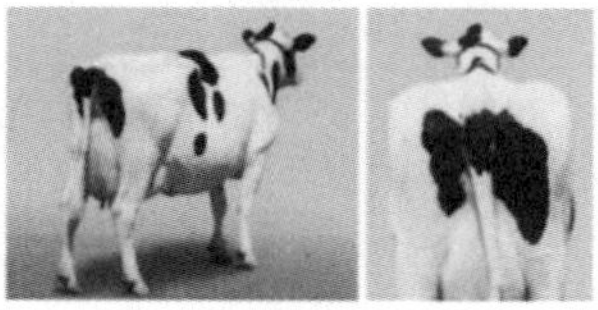	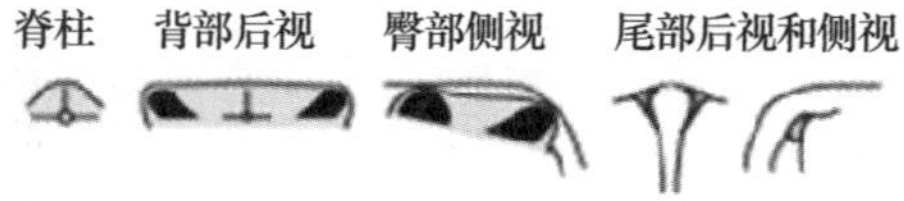	良好	脂肪覆盖整个尾根区域,皮肤光滑,可以触摸到骨盆。按压腰部可以感觉到腰椎横突,尻部呈 U 形。
BCS 4 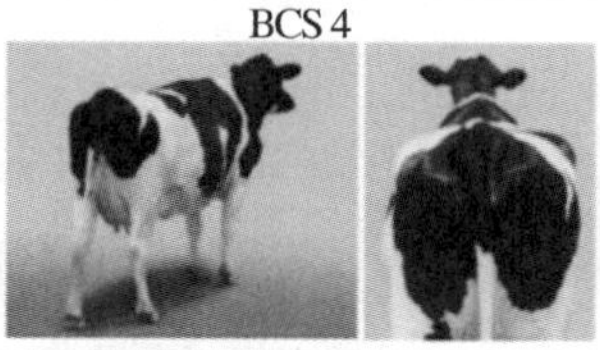	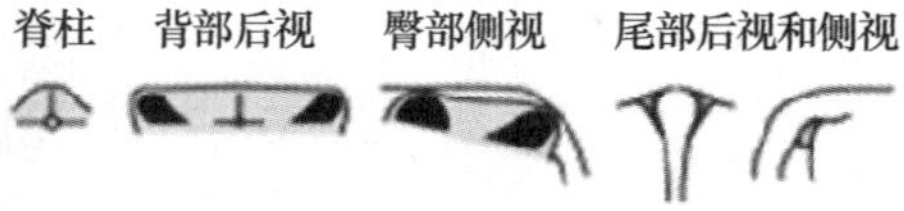	肥胖	尾根两侧丰满,被脂肪覆盖。脊柱不明显,触摸不到突起,呈现圆形。
BCS 5 		过度肥胖	尾根被脂肪组织包围,用力按压也无法触及坐骨结节。

注:表内所有图片引自 University of Arkansas 和 ELANCO 技术资料。

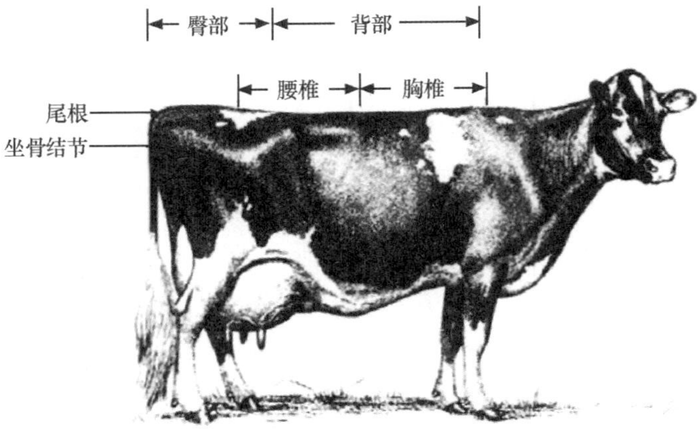

图 4-17　奶牛体况评分相关部位

（译自 ELANCO 技术资料）

体况评分快速判定流程(图 4-18)。

从侧面观察奶牛的骨盆部。观察臀部肌肉是否丰满，观察髂结节、髋关节和坐骨结节间的连线形状。判断流程如下。

V：如果三点连线呈扁平的 V 形，则 BCS ≤ 3.0。

(1)如髂结节边缘圆润，按压时感觉皮下有脂肪沉积，则 BCS＝3.0。

(2)如髂结节边缘棱角分明，按压时感觉皮下有少量脂肪，则 BCS ≤ 2.75。

(3)如坐骨结节明显可见，则 BCS＜2.75。触诊坐骨结节感觉到皮下有脂肪沉积，则 BCS＝2.50。

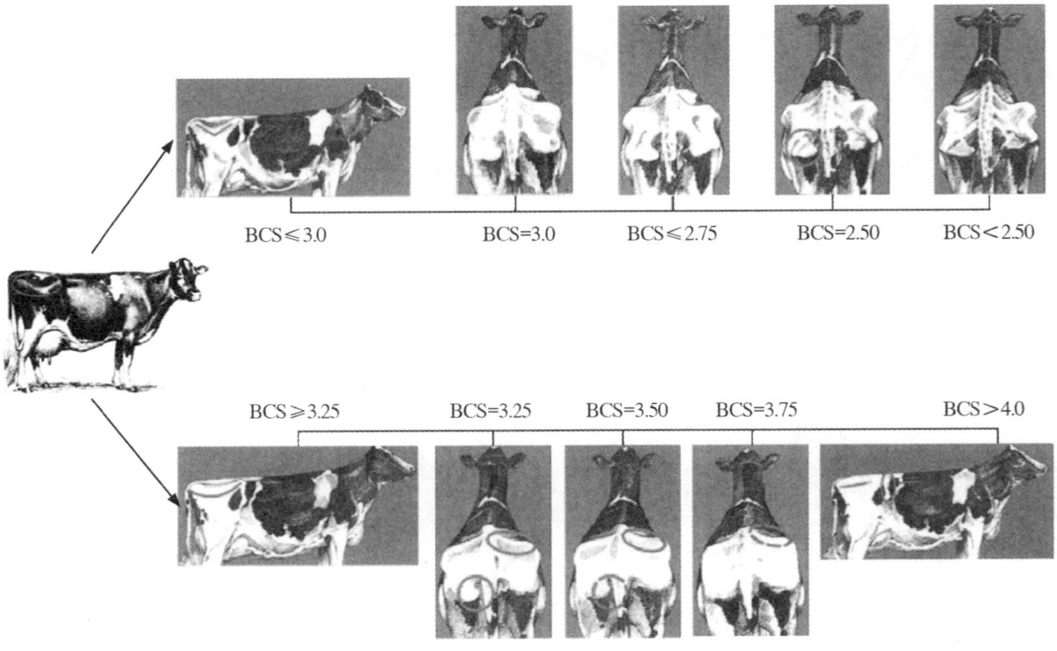

图 4-18　BCS 快速判定流程

（整理自 ELANCO 技术资料）

(4)如坐骨结节处皮下无脂肪沉积，则 BCS＜2.50。继续观察腰椎横突外侧是否有脂肪沉积和外观形态。如 1/2 腰椎横突明显可见，则 BCS＝2.25。如 3/4 腰椎横突明显可见，则 BCS＝2.0。如荐臀部脊柱呈锯齿状，则 BCS＜2.0。

U：如果三点连线呈下凹的弧形或扁平的 U 形，则 BCS≥3.25。

(1)如荐髂韧带和尾根韧带清晰可见，则 BCS＝3.25。

(2)如荐髂韧带清晰可见，尾根韧带勉强可见，则 BCS＝3.50。

(3)如荐髂韧带勉强可见，尾根韧带不可见，则 BCS＝ 3.75。如荐髂韧带和尾根韧带均不可见，则 BCS≥4.0。

(4)如臀部呈扁平状，则 BCS ＞ 4.0。如腰椎横突勉强可见，则 BCS＝4.25。如臀部扁平，坐骨结节浑圆，则 BCS＝4.5。如髂结节勉强可见，则 BCS＝4.75。如所有骨性凸起均不明显，则 BCS＝5.0。

要求掌握的内容：

(1)了解奶牛分群管理原则、分群方法及其意义。

(2)了解后备牛生长发育状况的评估方法，以及不同结果所代表的意义。

(3)了解成母牛体况评分的方法及其对饲养管理的意义。

(4)了解牧场管理软件的使用。

(5)了解生产管理过程中各环节的监测指标及意义。

(三)牛奶质量管理

该部分理论部分主要涉及牛奶质量控制与挤奶工艺部分、奶牛临床用药及给药方式等内容。实践部分主要为挤奶操作与乳腺炎的内容。要求学生了解优质原料奶的判定指标及检测方法、牛群改良(DHI)实验室检测所需的奶样采集、大罐奶样采集、挤奶等操作。

要求掌握的内容：

(1)了解牛奶的理化指标、卫生指标、质量指标等内容，并熟悉不同指标所代表的意义。

(2)DHI 实验室检测的指标及其应用。

(3)大罐奶样采集方法及其应用。

(4)能够独立完成手工挤奶和机器挤奶操作。

(四)奶厅管理与挤奶设备

该部分理论部分主要涉及牛奶质量控制与挤奶工艺部分内容。实践部分主要为挤奶操作与乳腺炎的内容。要求学生了解奶厅管理中的要点、挤奶原理、挤奶方式、挤奶机的基本结构、不同挤奶厅类型、奶厅评估等内容。

1.挤奶原理

机械挤奶的原理为模拟犊牛吮吸过程中形成的负压使奶牛的乳汁排出乳房(图 4-19)。机械挤奶设备的基本部件有真空泵、真空管、制冷罐、奶管和杯组等(图 4-20)。

2.挤奶方式

随着科技的发展和机械化程度的提高，挤奶的方式已由传统的手工挤奶(图 4-21)转变为机械挤奶(图 4-22)。

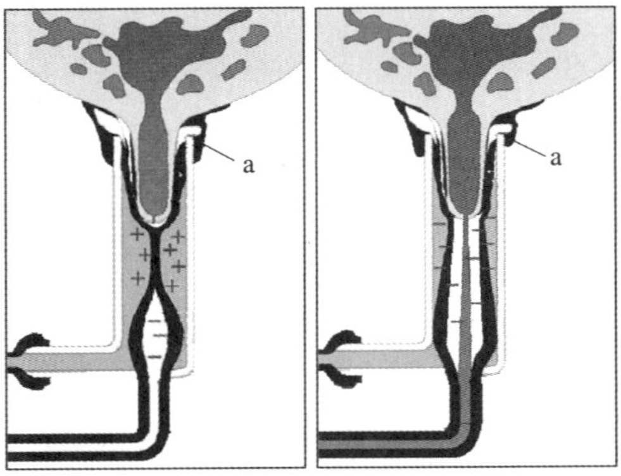

图 4-19　机械挤奶原理

(引自 Dairy Processing Handbook-Tetra Pak Processing Systems)

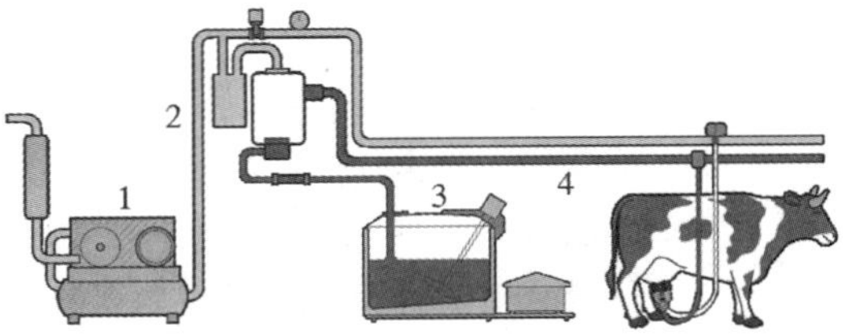

图 4-20　管道式挤奶设备基本部件

1. 真空泵　2. 真空管　3. 制冷罐　4. 奶管

(引自 Dairy Processing Handbook-Tetra Pak Processing Systems)

图 4-21　手工挤奶

图 4-22　机器挤奶

3. 挤奶设备基本构造

挤奶设备基本构造如图 4-23。

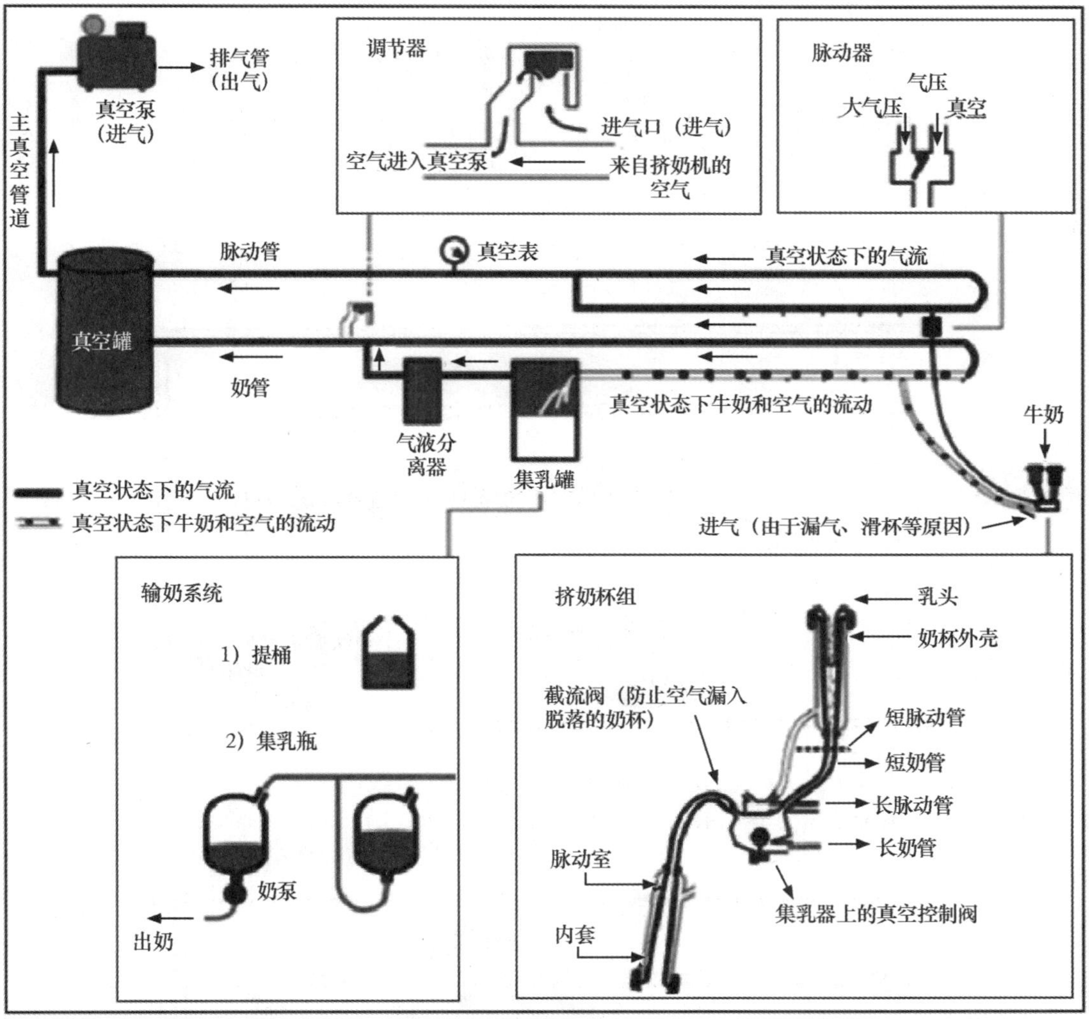

图 4-23　挤奶设备基本构造

（译自 Babcock Institute 奶牛系列丛书）

4. 挤奶厅类型

在生产中，牧场历史和设备研发阶段的不同，机械式挤奶设备也不同。如管道式挤奶系统（图 4-24）、纵列式挤奶厅（图 4-25）、鱼骨式挤奶厅（图 4-26）、并列式挤奶厅（图 4-27）、转盘式挤奶厅（图 4-28）和挤奶机器人。

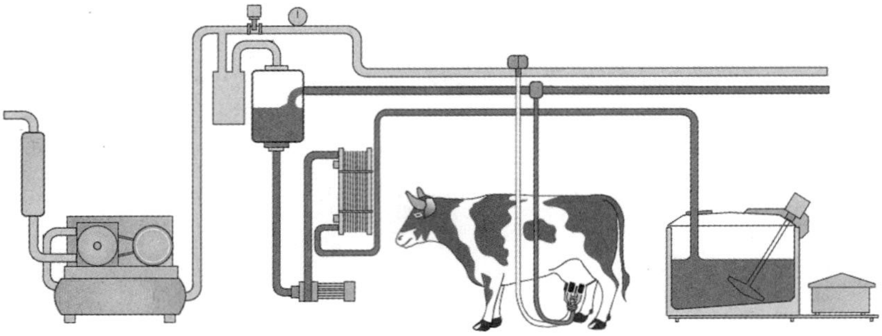

图 4-24 管道式挤奶系统

(引自 Dairy Processing Handbook-Tetra Pak Processing Systems)

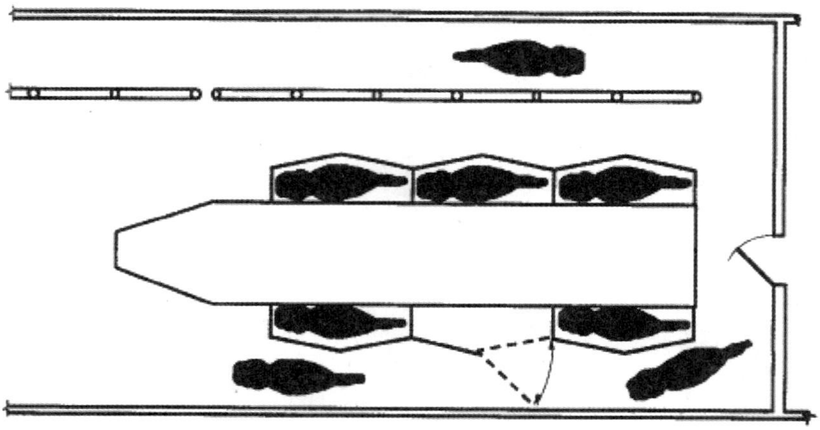

图 4-25 单侧出口的 2×3 纵列式挤奶厅

(引自 Douglas J. Reinemann. UW- Madison Milking Research and Instruction Lab.)

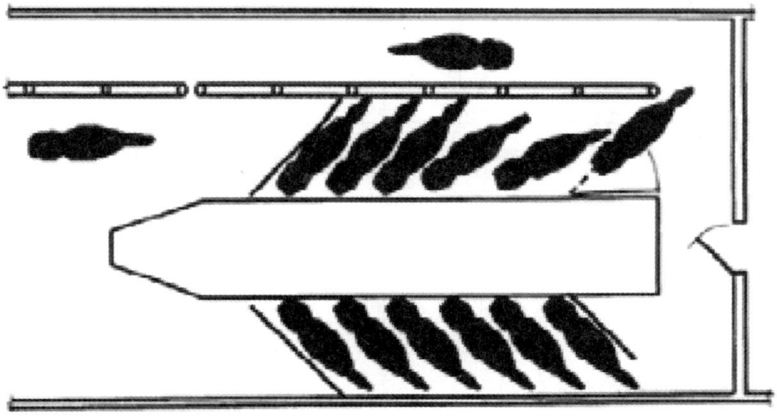

图 4-26 单侧出口的 2×6 鱼骨式挤奶厅

(引自 Douglas J. Reinemann. UW-Madison Milking Research and Instruction Lab.)

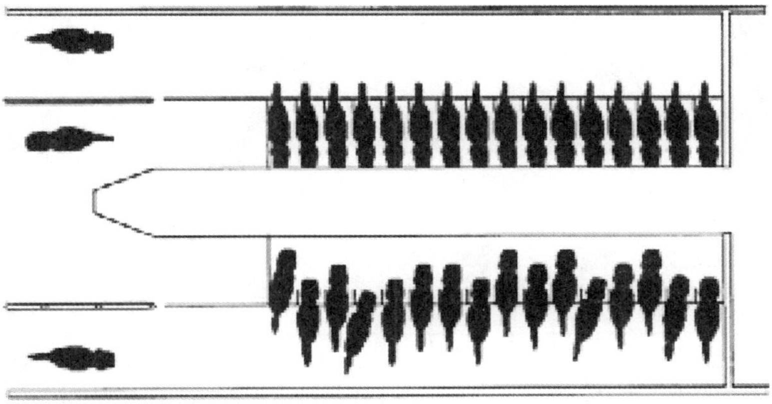

图 4-27　双侧出口的 2×12 并列式挤奶厅

(引自 Douglas J. Reinemann. UW-Madison Milking Research and Instruction Lab.)

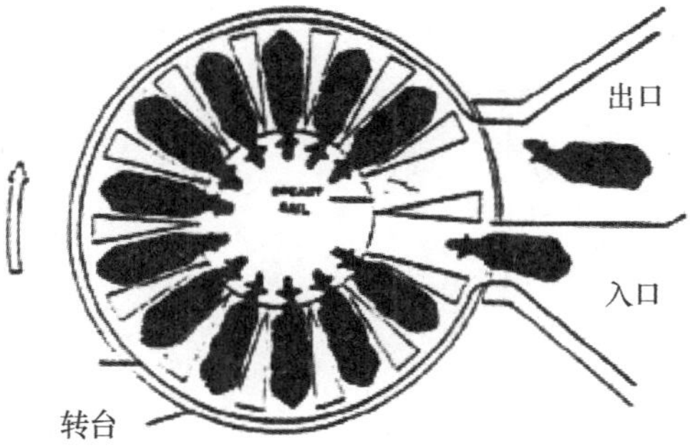

图 4-28　转盘式挤奶厅

(译自 Douglas J. Reinemann. UW-Madison Milking Research and Instruction Lab.)

5. 挤奶操作规程

机械式挤奶的标准操作规程可分为 6 步(图 4-29):前药浴、验奶、纸巾干擦、套上奶杯、挤奶和脱杯、后药浴。上杯前可进行乳头末端卫生状况评分(图 4-30),根据不同分值及比例,可确定挤奶前的清洁处理是否到位。脱杯后,可进行乳头孔(表 4-7)和乳头外观(图 4-31、表 4-8)评分,以评估挤前刺激、设备压力、脱杯流速设定等指标是否正常。

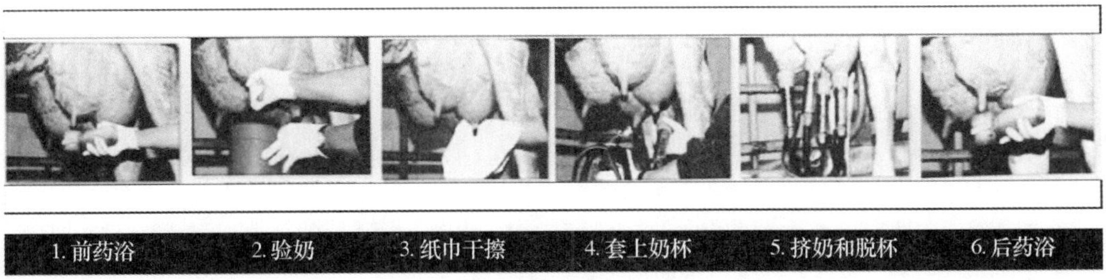

图 4-29　挤奶操作规程

(译自 利拉伐公司技术资料)

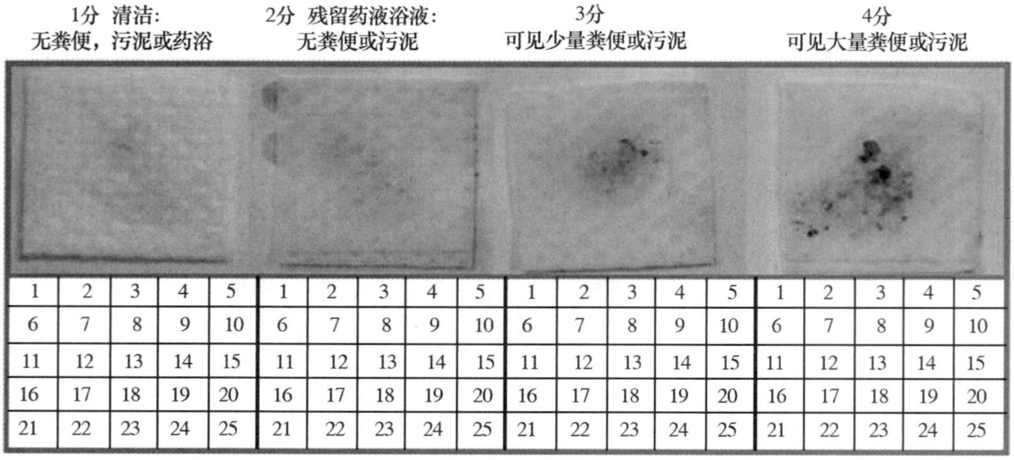

图 4-30 挤奶前乳头末端卫生状况评分

（译自 Westfalia Surge 技术资料）

表 4-7 挤奶后乳头孔评分

分值	描述	示例	目标值
1	乳头孔小，平滑，无外翻，挤奶前后差异不大	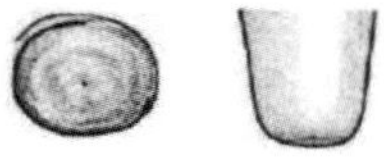	
2	乳头孔平滑，稍外翻		
3	乳头孔外翻，边缘平滑	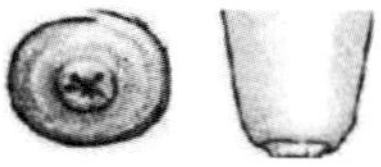	＜20％
4	乳头孔外翻，边缘不整	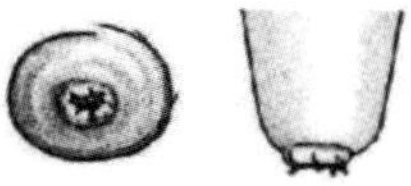	＜5％
5	乳头损伤	参见图 4-31 撕裂伤、溃疡等	

注：译自 http://www.infodairy.com/English/temp/how%20to%20teat%20score-en.htm。

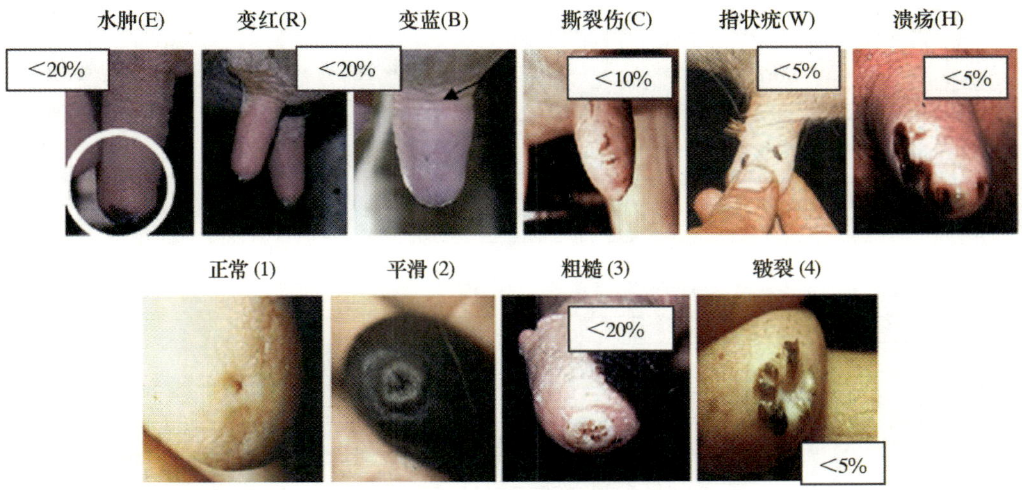

图 4-31　挤奶后乳头状况评分示例及目标

（译自 UW Extension：Udder hygiene scoring chart）

表 4-8　挤奶后乳头状况评分表及目标

乳头状况	判断标准	目标值/%
1. 颜色	肉眼可见变红或变蓝的	<20
2. 乳头基部肿胀	肿胀或触摸感觉有环状隆起	<20
3. 乳头末端肿胀	微硬、坚硬或肿胀	<20
4. 乳头孔外翻状态	典型的外翻状态	<20
5. 可见损伤	小的出血创	<10
6. 乳头孔边缘	不整或开裂(评分 4 分和 5 分)	<20
7. 乳头孔损伤	评分 5 分	<5

要求掌握的内容：

(1)了解挤奶的操作规程。

(2)了解不同的挤奶设备适用的挤奶操作流程。

(3)评估实习牧场的挤奶操作规程、流程和挤奶流程。

(4)了解挤奶设备的构造及基本原理。

(5)了解目前奶牛养殖业的主要挤奶工艺。

(6)了解挤奶设备及奶罐的清洗程序。

(7)掌握挤奶操作和设备清洗的评估方法。

(五)奶牛营养与饲喂

该部分实践部分主要涉及饲料认知与青贮感官评价和全混合日粮(TMR)质量判定与宾州筛、粪筛的使用方面的内容。要求学生掌握奶牛常用饲料原料的种类、营养成分(图 4-32)、饲料质量的感官鉴定方法，了解日粮配方调配的原理，掌握饲槽管理的关键点。带学生现场认识实习牧场所用的饲料原料、采集不同饲料原料样品、TMR(图 4-33)样品采集及质量判定、熟悉 TMR 制作设备(图 4-34 至图 4-37)、宾州筛和粪筛现场使用等。

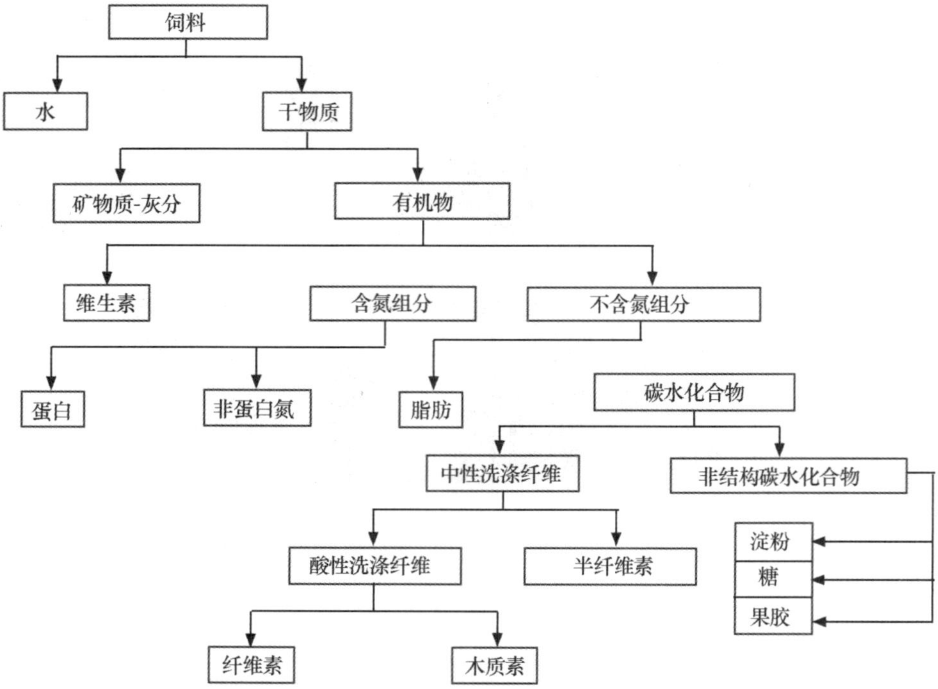

图 4-32　饲料组成成分

图 4-33　TMR 饲喂模式

图 4-34　TMR 饲喂模式(示饲喂通道和立式 TMR 车)

图 4-35　立式 TMR 车内的搅龙及刀片
(引自 https:// postequip. com/product/jaylor-4650-tmr-mixer-wagon/)

图 4-36　卧式 TMR 车

（引自 https：// www. postequip. net/product/kuhn-knight-3130-reel-auggie-tmr-mixer-wagon/）

图 4-37　卧式 TMR 车内的搅龙及刀片

（引自 https：// www. postequip. net/product/kuhn-knight-3130-reel-auggie-tmr-mixer-wagon/）

要求掌握的内容：

(1)了解奶牛养殖过程中常用的饲料原料与种类。

(2)了解饲料样品采集方法。

(3)现场观察青贮的质量并进行感官评价。

(4)现场进行 TMR 样品采集并使用宾州筛判定 TMR 质量。

(5)使用粪筛测定不同牛群粪样，了解粪筛在生产管理中的使用意义。

(六)奶牛繁殖管理

该部分理论部分主要涉及奶牛繁殖生理与繁殖管理等内容，实践部分的发情观察与人工授精、妊娠诊断等内容。要求学生掌握奶牛繁殖生理学相关的重要激素及其在生产中的应用、奶牛的发情表现及生产中判定奶牛发情的方法(图 4-38)、奶牛人工授精用品及耗材、人工授精前准备工作、人工授精操作步骤(图 4-39、表 4-9、表 4-10)、妊娠诊断的时间及妊娠诊断方法等内容。带学生现场观察发情奶牛的表现、观察牛群繁殖方案的执行、现场进行妊娠诊断等。

图 4-38　发情牛判断

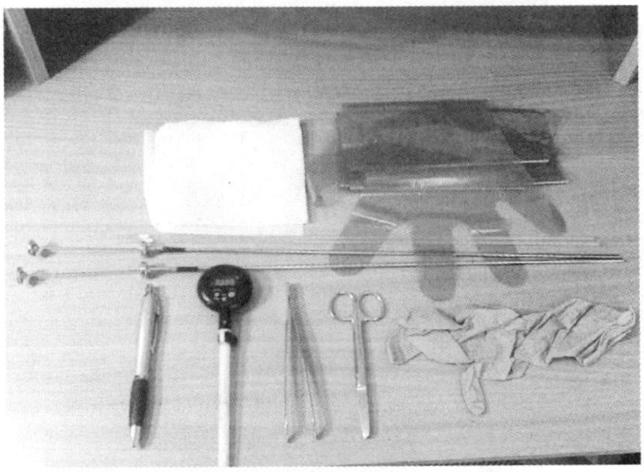

图 4-39　奶牛人工授精用品及耗材

表 4-9　人工授精前准备工作

图示	内容
	1. 图中为常用的冻精储存罐(液氮罐)和金属工具箱,可用于保持人工授精器械清洁、方便使用
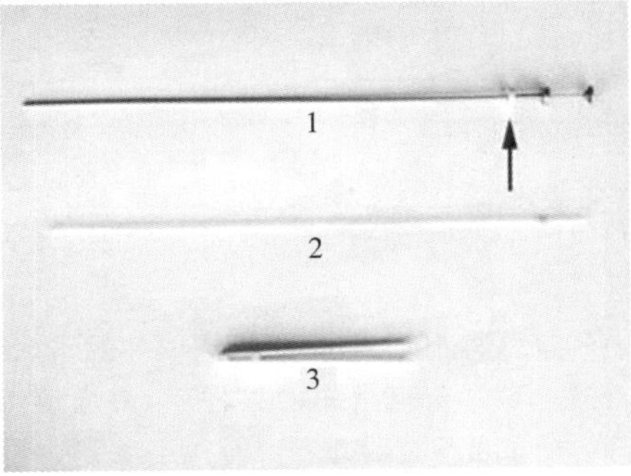	2. 人工授精(AI)常用工具:法式输精枪 (1)黑色箭头指向“O 形环” (2)输精枪外套 (3)夹取冻精细管的镊子

续表 4-9

图示	内容
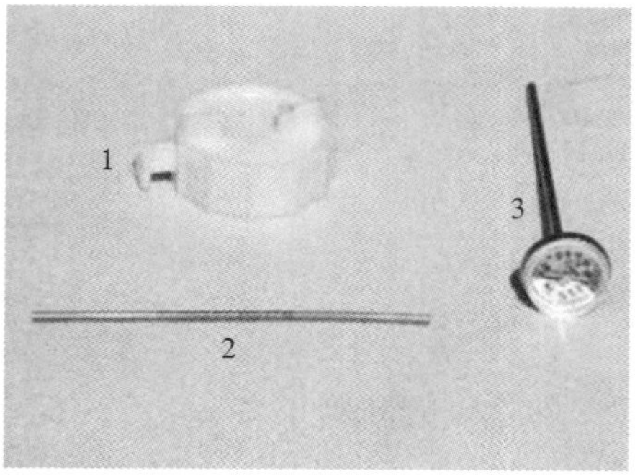	3. AI 用品 (1)细管剪 (2)细管 (3)数显温度计
	4. 提取冻精的理想方式与位置。注意提桶未高出液氮罐颈部
	5. 当所选冻精取出液氮罐后,应立即投入解冻杯。应使用蒸馏水水浴解冻,条件为 35 ℃,解冻时间 45 s。图中为商品化温控解冻杯
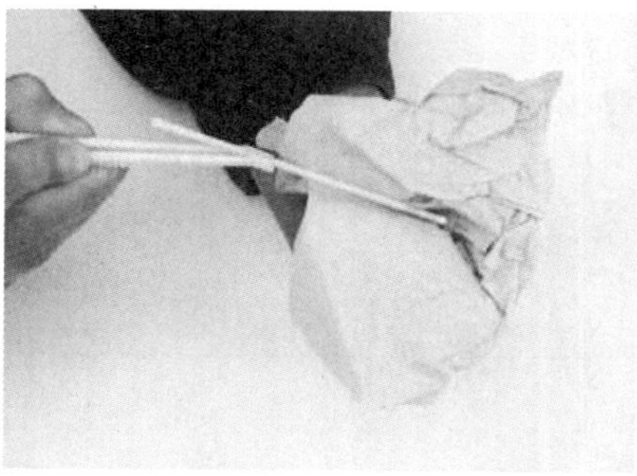	6. 解冻后,将细管取出,用纸巾快速擦干(水可损伤精子)。合理操作的条件下,解冻后 15 min 内,精子可保持活力

续表 4-9

图示	内容
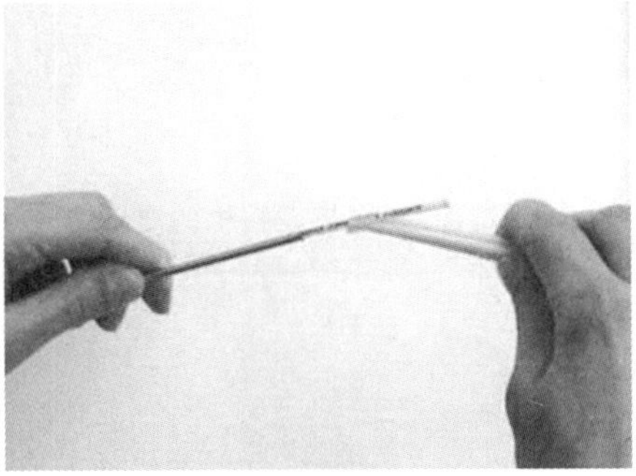	7. 擦干细管后，将有棉栓的一端放入输精枪内，装枪完成后，细管的密封端会突出于输精枪口外
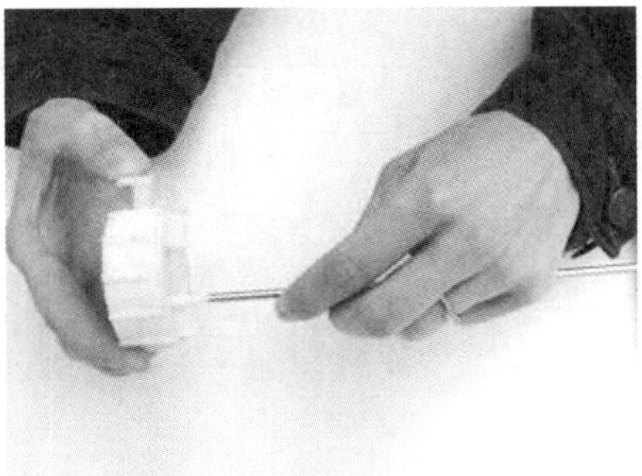	8. 用细管剪距细管密封端 0.5～0.7 cm 处剪开细管，注意剪除角度
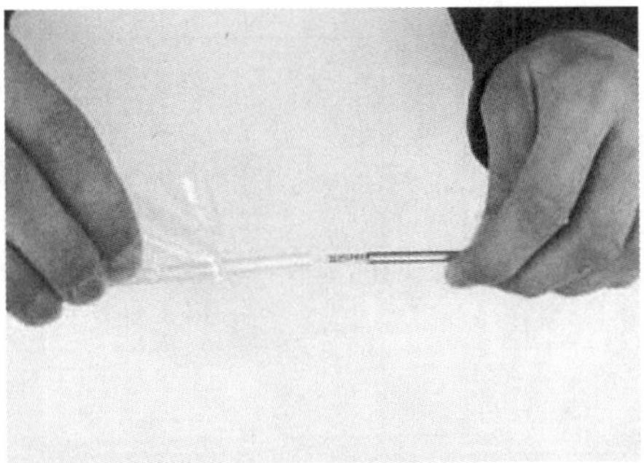	9. 套上输精枪外套，使用独立包装的输精枪外套时，可保留塑料包材以避免输精枪外套的污染
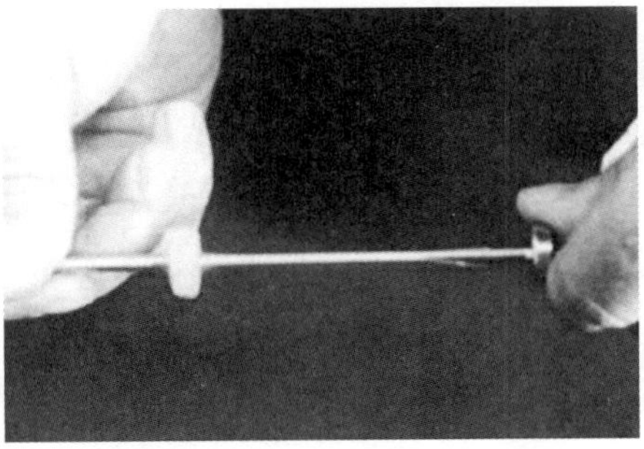	10. 输精枪外套装好后，用 O 形环压紧或用卡扣锁紧

续表 4-9

图示	内容
	11. 人工授精前,要保持输精枪的温度适宜

表 4-10　人工授精操作步骤

图示	操作步骤
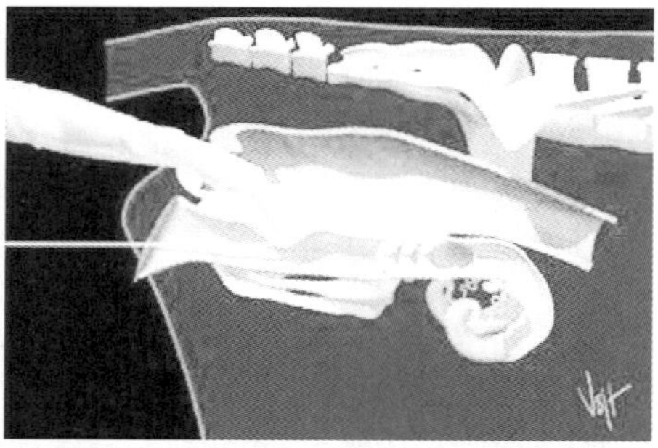	1. 用直肠内的手掌或指尖抵住输精枪前端
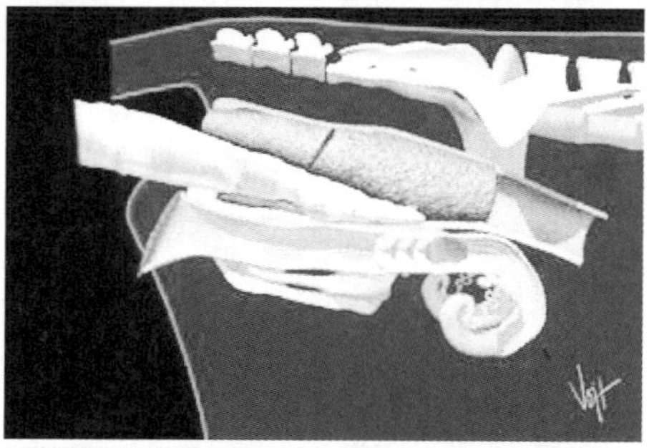	2. 手臂可从直肠内的粪便下方前行
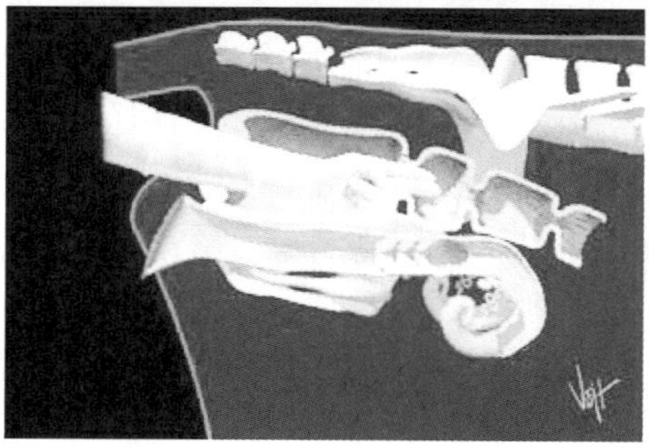	3. 注意手臂通过直肠壶腹部后的操作

续表 4-10

图示	操作步骤
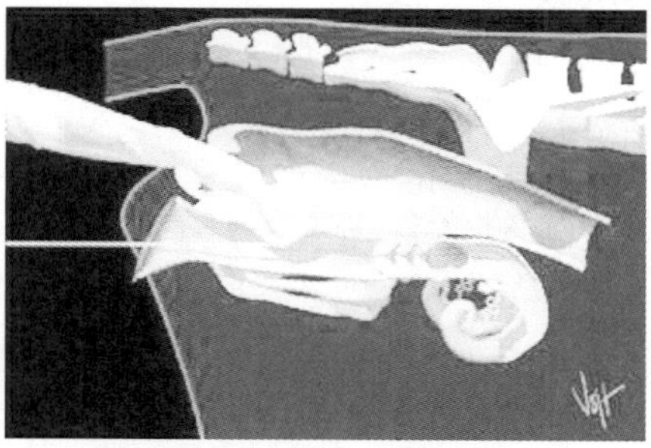	4. 握住子宫颈后轻轻牵拉
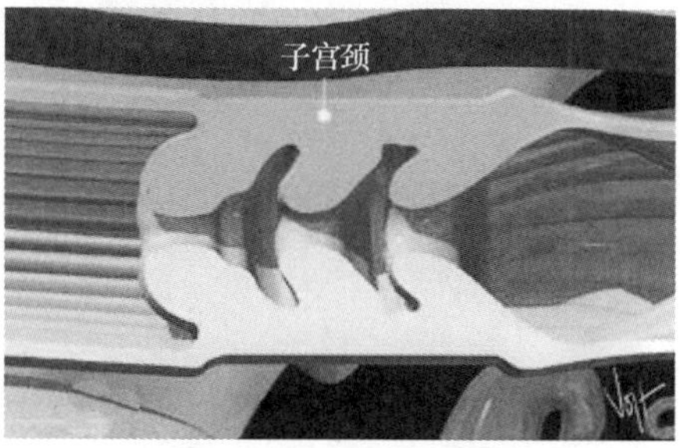	5. 子宫颈结构
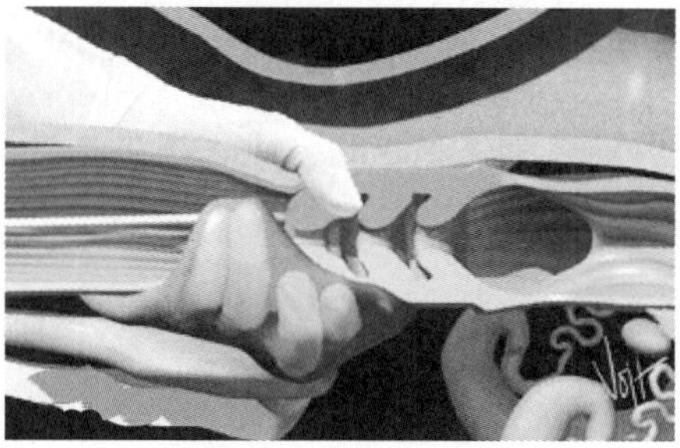	6. 用输精枪前端抵住子宫颈口
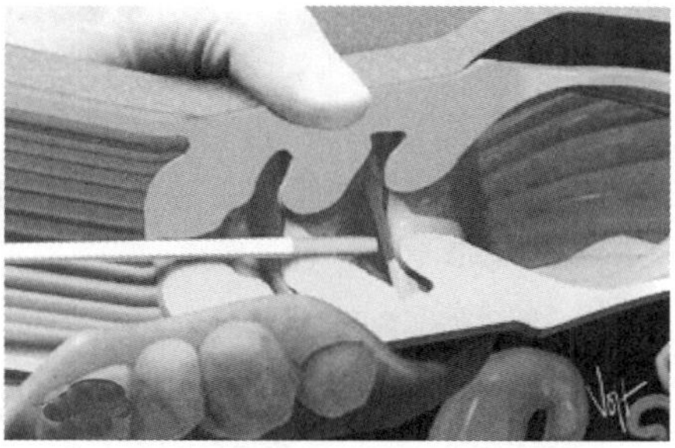	7. 轻柔地后拉子宫颈，将其套入输精枪
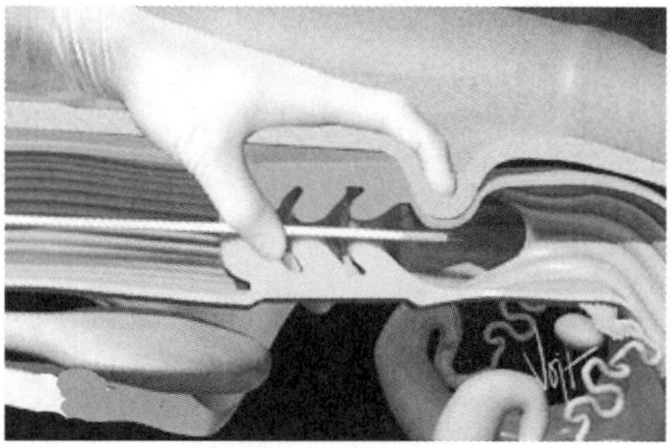	8. 输精枪穿过子宫颈后抵达子宫体

续表 4-10

图示	操作步骤
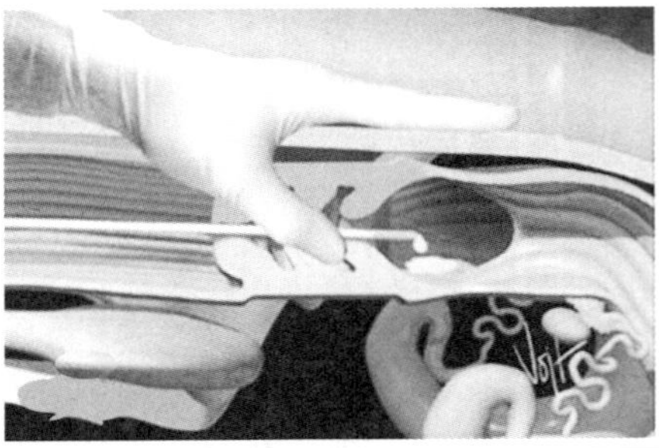	9. 轻推输精枪枪栓，将精液输入子宫体
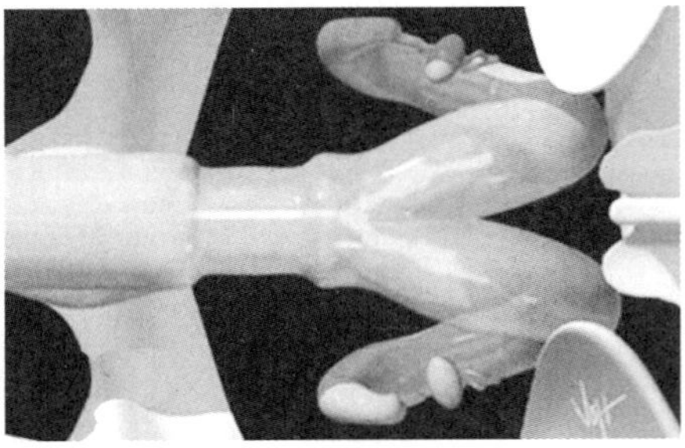	10. 正确的输精部位可使精液分别流入两侧子宫角
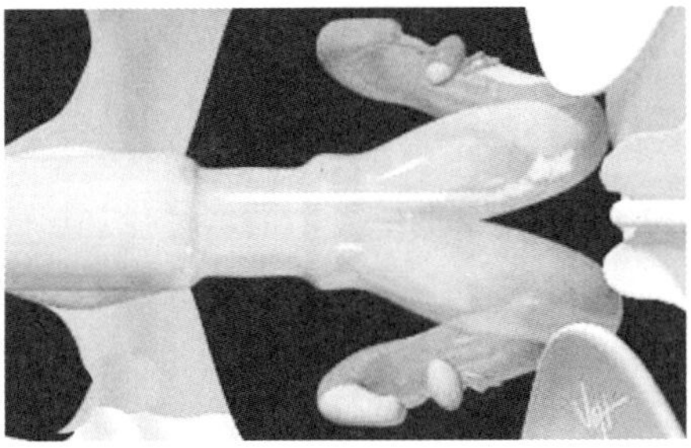	11. 输精部位错误或输精枪送入过多可导致单侧子宫角输精
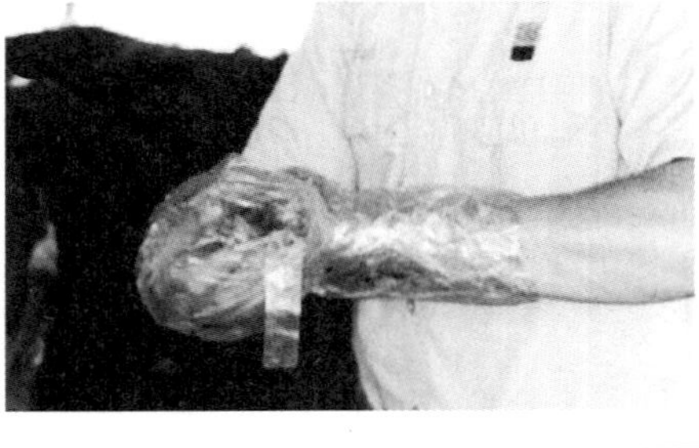	12. 完成人工授精后，缓慢抽出输精枪，清理人工授精用品

要求掌握的内容：

(1)了解奶牛的繁殖生理及规模化牧场不同牛群繁殖管理方案。

(2)了解冻精的贮存、解冻、质量判定方法。

(3)了解人工授精操作，如有条件可进行现场操作练习。

(4)了解实习牧场妊娠诊断的时间及意义。

(5)了解妊娠诊断的方法，并现场做妊娠诊断操作。

(七)牛群健康管理

牛群健康管理理论部分主要涉及奶牛基本临床诊断技术、奶牛临床用药及给药方式等内容,实践部分的常规临床诊断流程(图 4-40)、常规临床检查顺序、全身检查(图 4-41、表 4-11、表 4-12)与方法、乳腺炎诊断样品采集流程(表 4-13)、新产牛检查与酮病检测(图 4-42 至图 4-47、表 4-14)、CMT 诊断(表 4-15、表 4-16)、子宫炎判定(图 4-48)、跛行诊断(表 4-17)与修蹄、病理剖检与病理学诊断样品采集等内容。要求学生掌握奶牛疾病临床诊断、治疗、采样等知识与技能。学生可参考《兽医临床诊断学》教材了解各种常规临床诊断方法,现场演示并安排学生练习常规临床诊断、牛旁检测、给药、样品采集、病理剖检等实操内容。

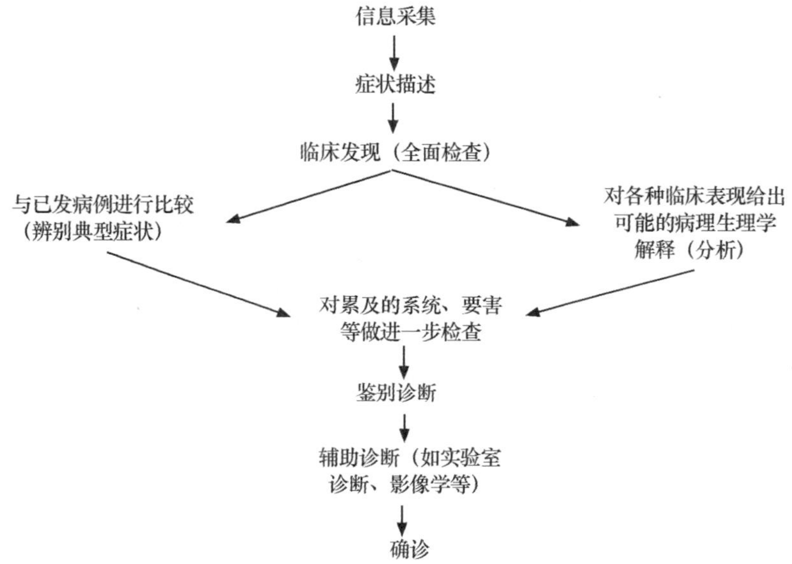

图 4-40　疾病诊断流程

(译自 Rebhun's Diseases of Dairy Cattle,3rd ed,2017)

图 4-41　奶牛临床检查顺序

表 4-11　奶牛常规临床检查顺序

检查顺序	主要内容
1	采集尿液样品→观察尿道黏膜颜色→测量体温
2	左侧心音听诊→观察颌下、胸部状态→触诊肩前淋巴结等
3	左侧肺野听诊
4	左侧胸壁和腹壁听诊、叩诊
5	肷部触诊、听诊，左侧膝上淋巴结检查
6	按压鬐甲部、托举前腹下部
7	乳房检查、验奶、采集乳腺炎诊断样品
8	右侧心音听诊
9	右侧肺野听诊
10	右侧胸壁和腹壁听诊、叩诊，右侧膝上淋巴结检查
11	直肠检查
12	头部检查

表 4-12　全身检查

尾部 1	**右侧**
三大指标：T、P、R	心脏听诊
检查黏膜颜色	肺区听诊、叩诊
检查皮肤和被毛状态	腹部形状和轮廓检查
体况评分	腹壁听诊、叩诊
检查乳房、乳头	右侧肷部触诊、听诊
头颈部	右下肋腹部冲击触诊
头部的对称性	**尾部 2**
检查眼部、鼻镜和鼻腔	阴道检查、直肠检查
检查口腔、舌，触诊头部淋巴结	**四肢**
检查颈静脉、胸部和肩前淋巴结	跛行诊断
左侧	患肢触诊
心脏听诊	蹄部检查
肺区听诊、叩诊	**采样**
肷部(瘤胃)触诊、听诊	
腹壁听诊、叩诊	
肋腹部冲击触诊	

表 4-13　乳腺炎诊断样品采集流程

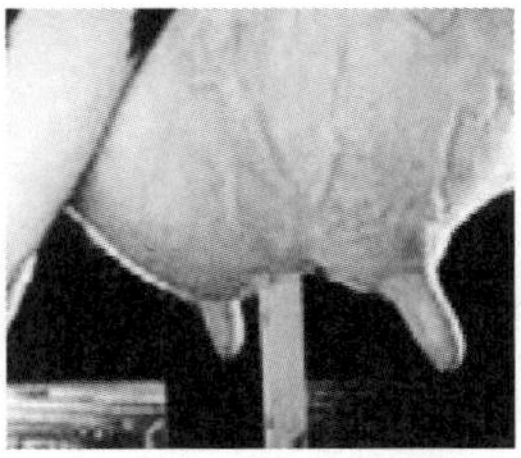	1. 采样前彻底清洁乳头，清洁顺序为由远及近，可在机械挤奶后采样
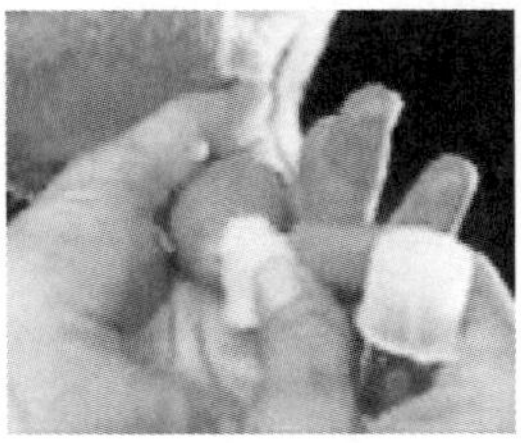	2. 清洁乳头后，用 75%酒精彻底消毒乳头末端和乳头孔处，消毒顺序为由远及近
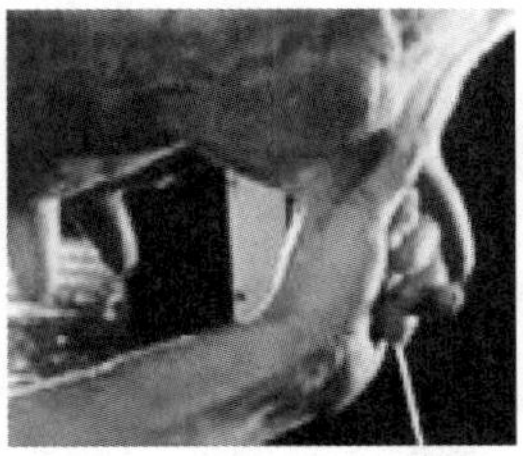	3. 如在挤奶前取样，挤掉头三把奶后再行采样；如在挤奶后采样，可跳过该步
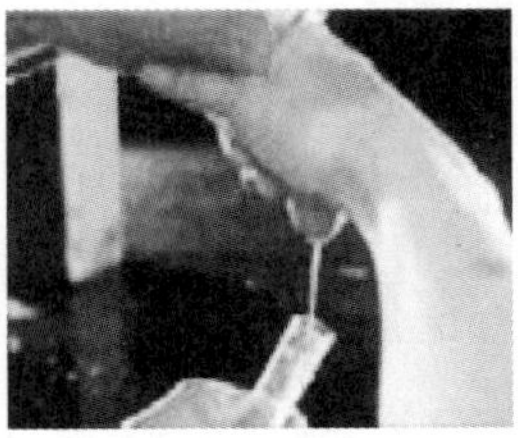	4. 采样时，要求采样管与地面呈 45°，采样人的手不要接触乳头末端及采样管口，防止奶样被污染，采样顺序由近及远
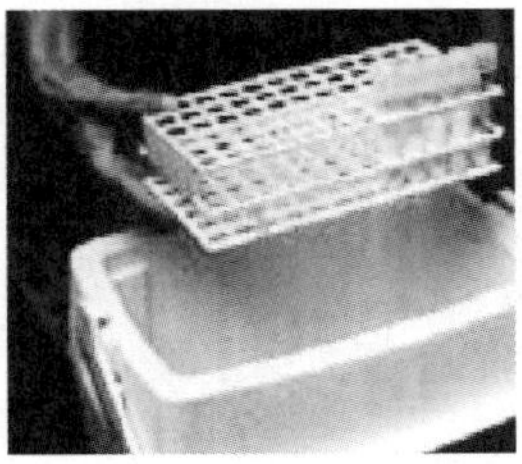	5. 采样后，在采样管上(不要在盖子上)明确标记牛场、牛号。放置于冰盒内，及时送至实验室。详细记录牛场、牛号、胎次、泌乳天数、症状、牛奶性状等信息，送样时交给实验室检测人员
	6. 实验室检测

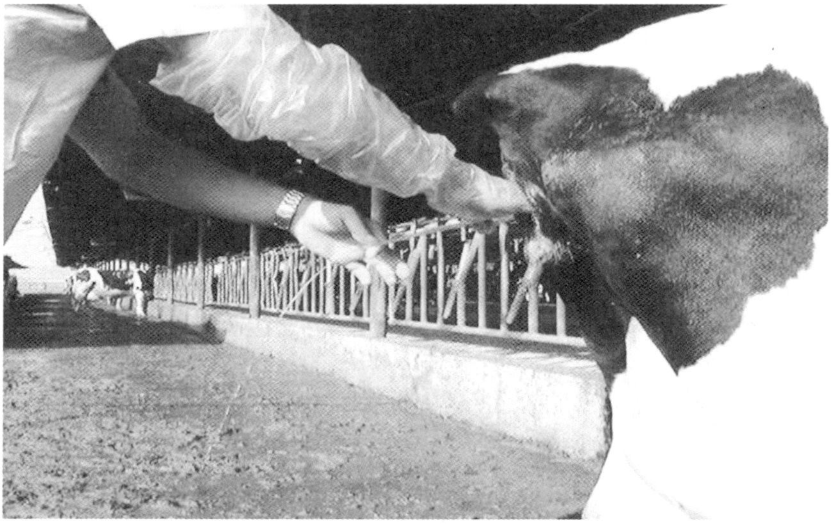

图 4-42　用导尿管采集尿液样品

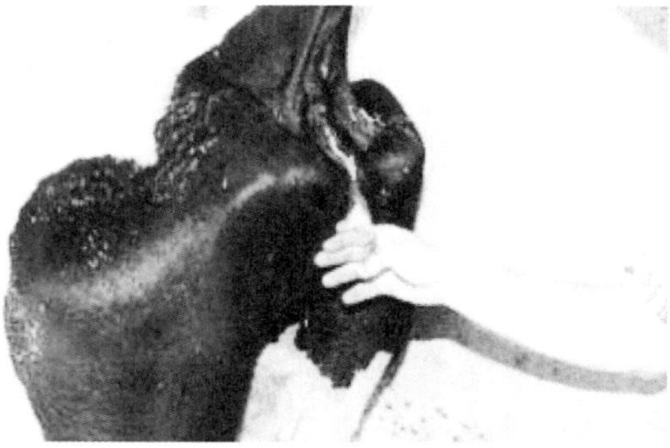

图 4-43　外部刺激法采集尿液样品

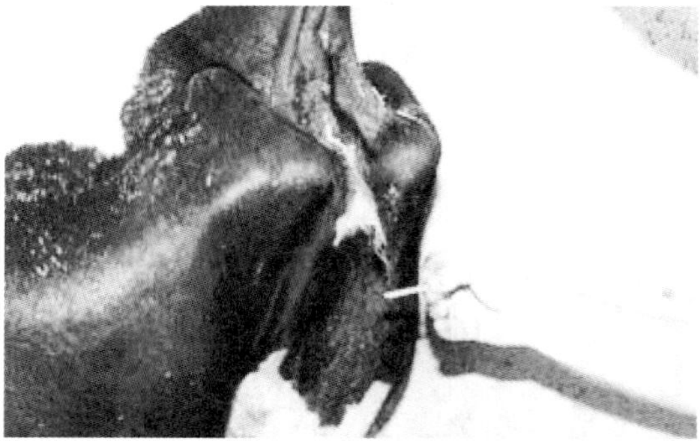

图 4-44　尿液样品检测

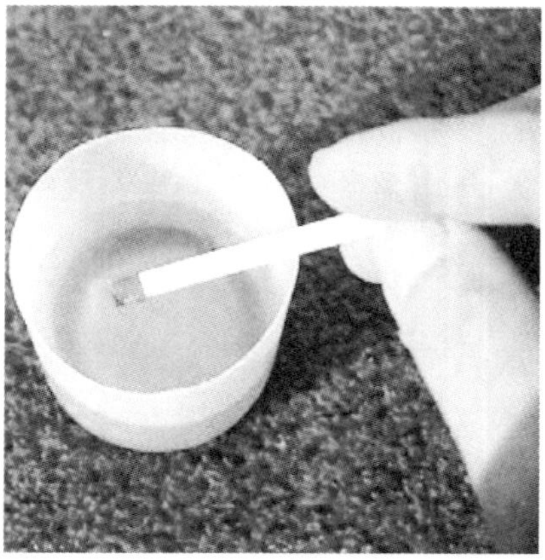

图 4-45　尿酮检测

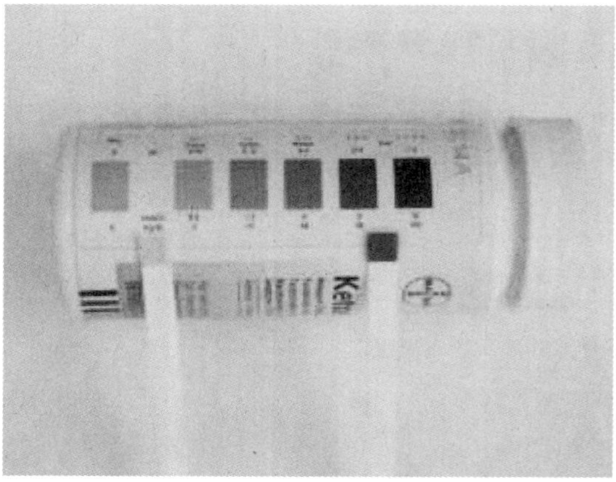

图 4-46　尿酮检测试纸条结果判读

表 4-14　血液样品采集

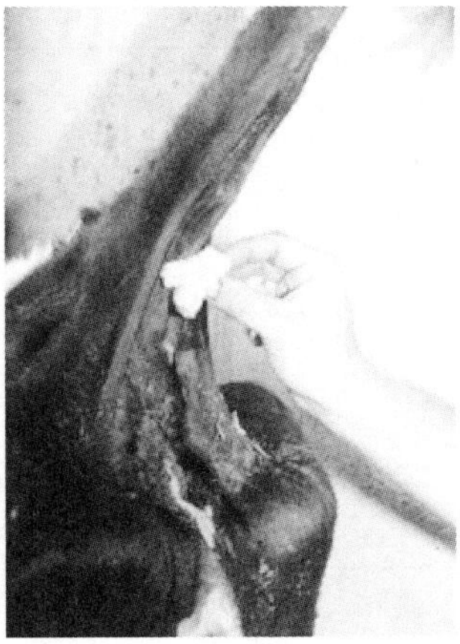		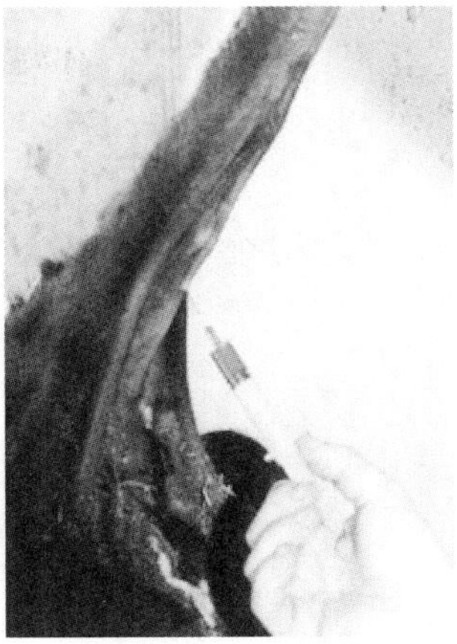
1. 消毒	2. 确定采血部位	3. 采集血液

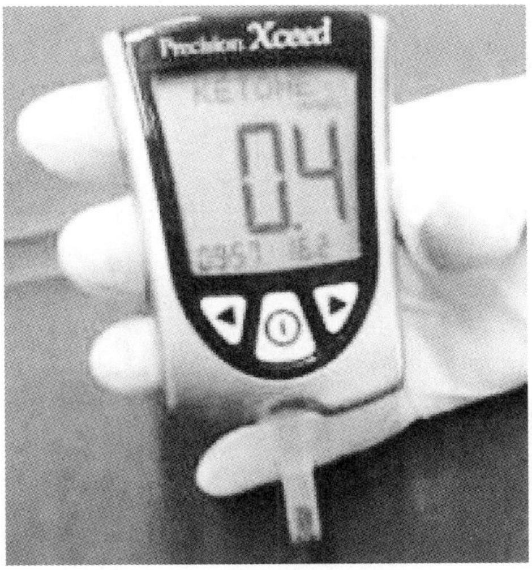

图 4-47　血酮检测

表 4-15　CMT 诊断步骤

图　示	步　骤
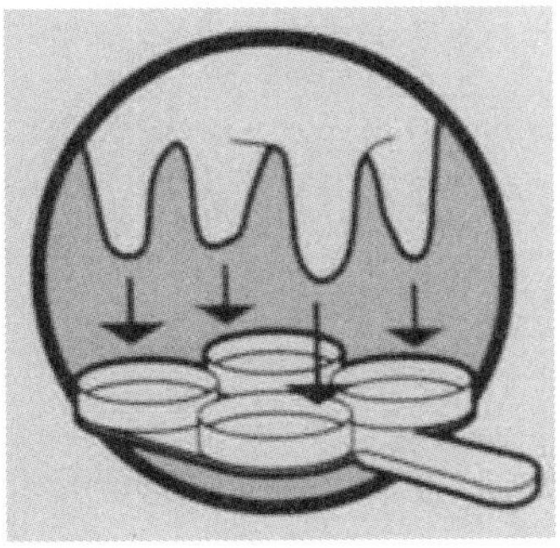	从每个乳区采集奶样 1. 按说明书准备 CMT 诊断工作液 2. 弃去前三把奶 3. 将各乳区中的奶样挤入 CMT 诊断盘中对应的杯内 4. 不要采集初乳、新产牛(产后＜3 d)和干奶牛的奶样

续表 4-15

图示	步骤
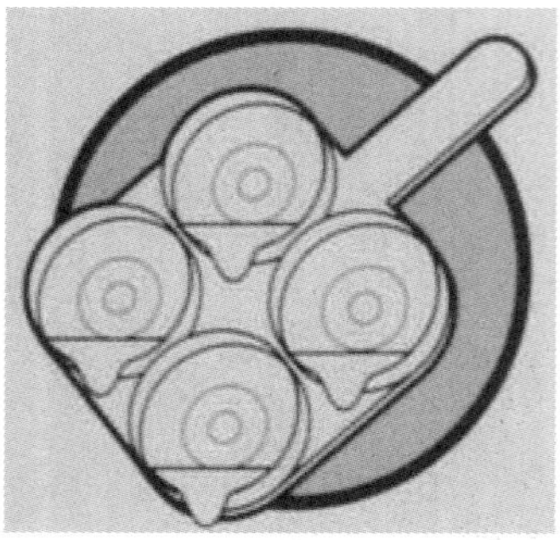	倾出多余的奶样 1. 倾斜诊断盘，弃去多余奶样，确保各杯内的奶量相同 2. 剩余奶样可覆盖杯底
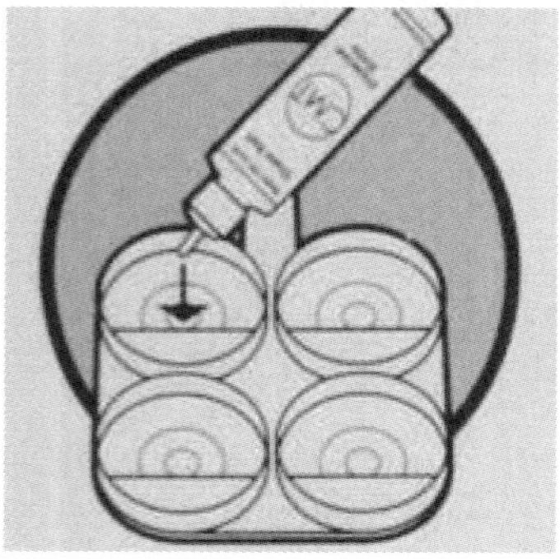	加入已稀释的 CMT 诊断工作液 1. 倾斜 CMT 诊断盘，使奶样剩余量水平线处于杯内内外环中间的位置 2. 向每个杯内缓慢滴加 CMT 工作液，直至混合液水平线达到内环边缘，使工作液与奶样等量
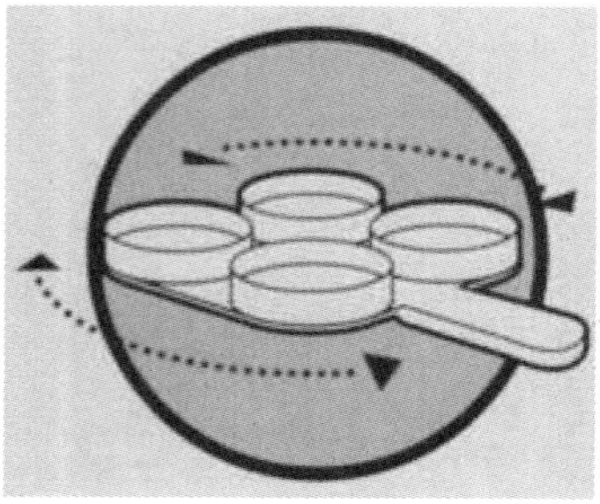	水平晃动诊断盘 1. 保持诊断盘水平，轻轻晃动。 2. 很快即可观察到反应。混合液变浓稠或呈凝胶状表明奶样中的体细胞数较高，疑似乳腺炎。 3. 记录结果

表 4-16　CMT 诊断结果释义

CMT 分级	平均体细胞计数/(个/mL)	反应说明
N（阴性）	0～480 000	混合液均一，无变稠表现
T（微量）	<640 000	混合液稍稠，10 s 内发生反应
1	～660 000	混合液明显变稠，未呈凝胶状
2	～2 400 000	混合液立即变稠，杯底部混合液呈凝胶状
3	>10 000 000	混合液呈凝胶状，明显者可似煎蛋样

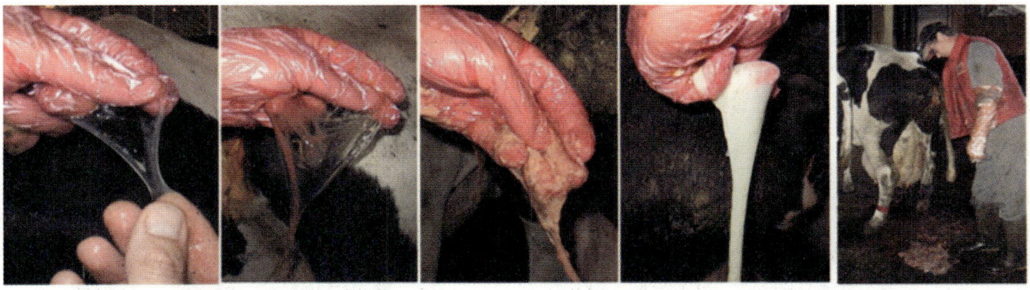

VD=0	VD=1	VD=2	VD=3	VD=4
无排泌物或分泌物清亮	排泌物带血或少量脓	排泌物中的脓少于50%，有异味	排泌物中的脓超过50%，有异味	红褐色水样排泌物有腐败组织，腐臭
不发热		可能发热		发热
健康		轻度子宫炎		严重子宫炎

图 4-48　子宫炎判定

（引自 勃林格翰培训资料）

表 4-17　跛行诊断

LS＝1 正常 表现：静立和运步时背部保持水平，运步姿势正常
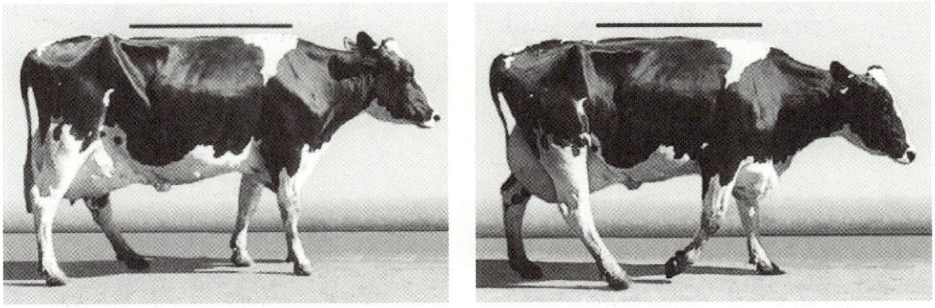
LS＝2 轻度跛行 表现：静立时背部保持水平，运步时背部微弓，步态轻微异常
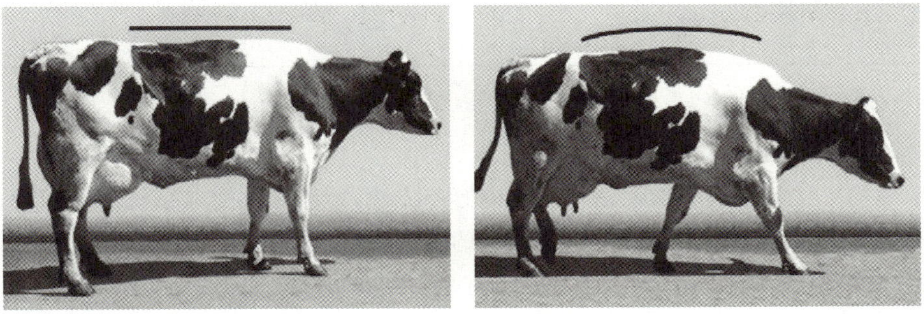

续表 4-17

LS=3 中度跛行 表现：静立与运步时均有弓背表现，一肢或多肢步幅较短。可能见到患趾悬蹄较对侧健肢悬蹄高

LS=4 跛行 表现：静立与运步时弓背明显。患肢因疼痛而减少负重。健肢悬蹄明显较对侧患肢悬蹄低

LS=5 严重跛行 表现：弓背明显。运步困难，患肢完全不负重
 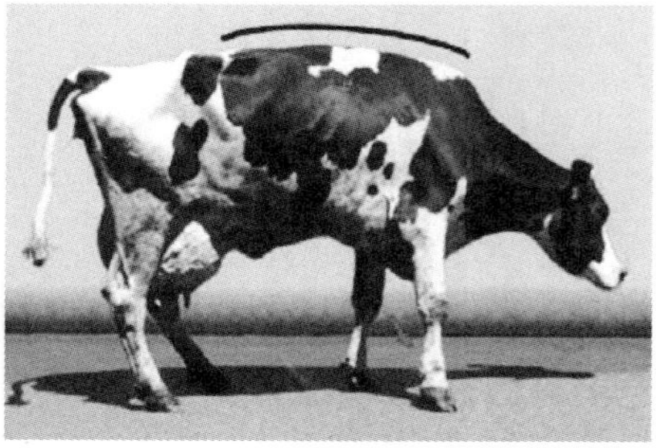

注：引自 Sprecher，D. J.；Hostetler，D. E.；Kaneene，J. B. 1997.

要求掌握的内容：

(1)掌握奶牛疾病常规临床诊断的基本内容与方法，能够独立完成系统的临床检查操作。

(2)掌握牛旁检测和实验室诊断所需样品的采样方法。

(3)掌握 CMT 等隐性乳腺炎检测方法。

(4)掌握血酮检测方法。

(5)学习病例记录与处方。

(6)掌握奶牛的跛行诊断方法，观察并学习修蹄技术。

(7)了解奶牛病理剖检的方法及病理解剖学观察。

(8)了解犊牛的常见疾病及处理方式。

(9)了解成母牛的常见疾病及处理方式。

(10)了解奶牛临床常见的传染病及其防控方法。

(11)了解牛群健康状况分析的方法。

(12)了解牛群健康管理的主要内容及意义。

(八)产房管理

该部分理论部分主要涉及难产助产等内容,实践部分的产房管理与难产诊断、新生犊牛护理与初乳质量判定等内容。要求学生掌握奶牛难产诊断和助产方法、新生犊牛护理要点及初乳质量判定方法及意义等知识与技能。带学生现场进行临产奶牛观察(图 4-49)、难产诊断(图 4-50)、新生犊牛护理、初乳质量判定等。

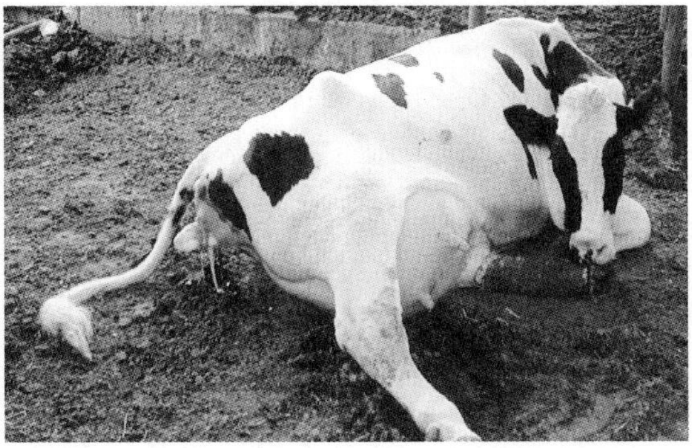

图 4-49　临产母牛

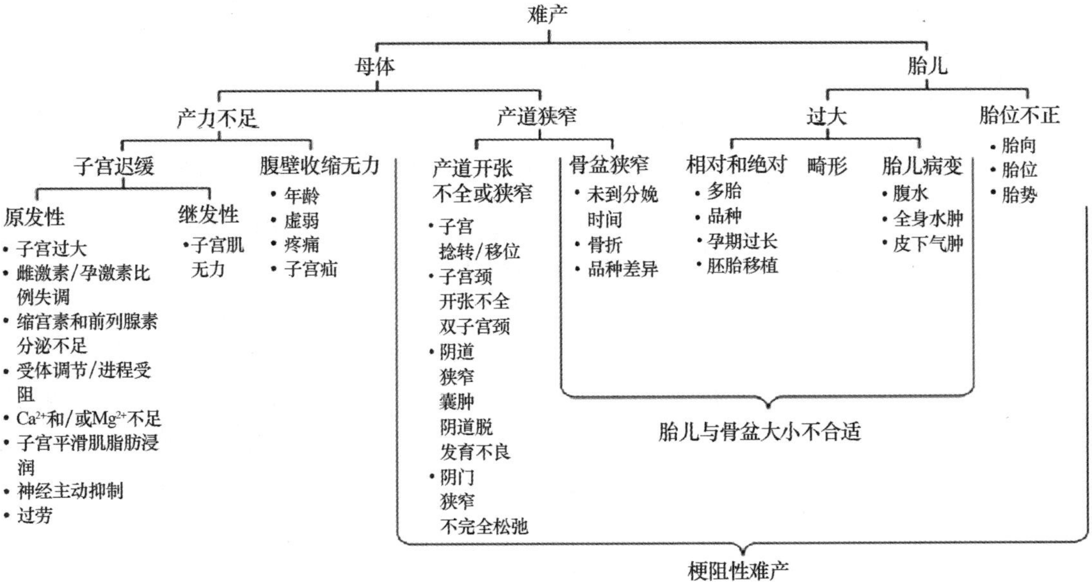

图 4-50　奶牛难产诊断流程

要求掌握的内容:

(1)掌握奶牛临产检查的基本内容与方法。

(2)掌握难产的处理方式。

(3)掌握新生犊牛护理的要点并能够独立操作。

(4)掌握初乳质量指标判定方法及意义。

(5)掌握被动转运的判定方法及其意义。

(九)奶牛福利管理

该部分主要涉及理论部分的生产工艺、奶牛行为学等内容,实践部分的奶牛福利与舒适度评估等内容。要求学生了解奶牛福利涉及的主要内容和评估指标、评估方法等知识与技能。带学生现场进行饮水空间、采食空间、活动空间、舒适度等要点的现场评估。

要求掌握的内容:

(1)了解奶牛福利的关键判定指标、判定方法及意义。

(2)了解不同牛群饮水、采食和活动空间的需要及其判定方法。

(3)了解抗热应激和抗冷应激管理。

(4)了解牛群舒适度的评估方法及其影响因素。

(十)牛场记录体系与数据分析

该部分涉及全部理论和实践内容,是牧场管理过程中的基础工作之一。要求学生了解牛场记录体系的主要内容以及数据的应用。

要求掌握的内容:

(1)了解奶牛系谱的主要内容及其对育种的意义。

(2)了解产奶数据的采集与记录方法。

(3)了解繁殖数据的采集与记录方法。

(4)了解疾病数据的采集与记录方法。

(5)了解饲养饲喂数据的采集与记录方法。

(6)了解各种数据的分析方法及其对生产的意义。

五、实习安排

牛场实习采用模块化分组实习的方式进行,根据实习牧场中主要的工作岗位分工,所有实习学生分成不同小组进行轮岗实习。主要模块及学习要点如下:

(1)奶厅组　学习挤奶、乳头评分、挤奶操作规程评估、挤奶流程评估,认识管理软件并了解相关基础模块,了解 DHI 样品采集方法等。

(2)生产组　了解管理软件的使用、生产工艺、生产管理关键点,认识奶牛场常用的饲料原料,了解 TMR 配制流程,学习各种饲料原料的采样方法,对青贮进行现场感官评价、采集 TMR 样品并使用宾州筛进行颗粒度、现场测量后备牛体尺、现场评估成母牛体况、练习驱赶和保定奶牛等。

(3)兽医组　练习并掌握奶牛基本临床诊疗技术,了解奶牛临床治疗过程中的常用药物,练习并掌握奶牛临床常用的给药方法,了解新产牛临床检查操作规程,了解成母牛四大常见疾病,了解牧场中重要的传染病检免疫规程,了解牛群健康状况评估方法、练习临床和实验室诊断所需的各种样品采集等。

(4)配种组　观察奶牛发情表现,学习精子活力检查方法,了解冷冻精液的贮存方式,练习冷冻精液的解冻,熟悉人工授精的操作流程,了解不同怀孕阶段妊娠诊断方法,了解奶牛场繁殖管理相关评价指标及其意义,了解奶牛场繁殖管理方案、了解奶牛选种选配的基本原则等。

(5)产房组　观察奶牛临产征兆、难产诊断(了解胎位、胎向、胎势、前置、先露等基本概念),了解助产的方法,了解助产器械的使用方法,了解接助产流程、新生犊牛护理流程、初乳处理流程、初乳质量判定方法等。

(6)犊牛组　现场观察犊牛健康状况,学习初乳抗体被动转运评估方法,了解不同阶段犊牛的营养需要及饲料变更方式,了解犊牛生长发育的评估方法,了解犊牛常见疾病的诊疗等。

六、实习考核要求

通过牛场实习,让学生直观地了解奶牛场生产管理、生产工艺、原料奶的生产过程等知识;熟悉兽医在奶牛养殖生产中的职责与工作流程。通过实习期间的知识点讲解和现场实操训练,重点培养学生的操作能力,训练课堂所学知识的实际应用能力,最终期望通过实习培养学生对奶牛养殖业的兴趣和全局思维模式。主要考核内容如下:

(1)掌握奶牛生产中安全操作技术。

(2)了解牛群的分群方法。

(3)了解国内各种常见的奶牛饲养工艺。

(4)了解挤奶设备的基本构成以及不同类型的设备对应的挤奶方式。

(5)了解挤奶操作规程和流程。

(6)了解牛奶质量相关指标及其意义。

(7)学习主要饲料原料及质量把控标准。

(8)了解奶牛繁殖生理、繁殖技术及管理。

(9)掌握奶牛疾病临床诊疗方法、常规采样技术。

(10)了解奶牛场各种数据的采集与应用。

七、思考题

(1)牛群健康管理对牛场有什么意义?

(2)如何评估牛群健康状况?

(3)牛群健康管理都包括哪些内容?

(4)兽医在奶牛生产中的职责是什么?

(5)奶牛场常见多发疾病有哪些?如何防控?

(6)兽医在奶牛疾病临床诊疗过程中最重要的技能是什么?

(7)实习牧场的饲养管理存在哪些问题?你有什么解决方案?

(8)营养及饲槽管理对牛群健康的影响主要体现在哪些方面?

(9)实习牧场对繁殖工作的评价指标都包括哪些?各项指标的意义是什么?

(10)奶厅管理在生产中有什么意义?可通过哪些指标评价?

八、实习期间安全注意事项

(1)在实习过程中,所有操作都要把确保自身安全放在第一位;在工作过程中,要保证自身和牛的安全。

(2)出入场区时必须消毒。

(3)吃饭前必须洗手。

(4)场内不得吸烟,不得在非指定地点饮食。

(5)建议每日晚上洗浴、洗头。

(6)在实习过程中,如有外伤,不得接触奶牛。

(7)接触奶牛时必须佩戴橡胶手套、口罩和帽子。

(8)接触流产胎儿、奶牛产道、胎衣、新生犊牛时必须经过带教师傅同意。

(9)在最初接触动物时,需要咨询带教师傅正确、安全的方法,以免激惹动物,造成人身伤害。

(10)在牛舍(运动场)活动时,需谨慎小心,注意场内的工作车辆。

(11)未经场内带教师傅的允许不得操作场内机械,远离除挤奶机外正在运转的各种设备。

(12)远离粪污处理区、运动场中的泥坑,以免发生危险。

九、参考文献

[1] Breeds of Dairy Cattle. https://www.dairymoos.com/breeds-of-dairy-cattle/.

[2] Name that cow: the 6 great dairy breeds. https://www.dairydiscoveryzone.com/blog/name-cow-6-great-dairy-breeds.

[3] 科迪·W. 费伯,等. 奶牛生产兽医及疾病管理. 齐长明,主译. 北京:中国农业出版社,2018.

[4] 马翀,郭刚,乔绿,等. 北京首农畜牧发展有限公司技术标准. 2版. 2013.

[5] Gösta Bylund. Dairy Processing Handbook-Tetra Pak Processing Systems.

[6] Select Sires Ino. Breeding efficiency section. A. I. Training manual. 4th ed.

[7] ABS Global Ino. A. I. management manual. 6th ed: Volume 1. 2011.

[8] PEEK S F, DIVERS T J. Rebhun's diseases of dairy cattle. 3rd ed. ELSEVIER. 2018.

The fifth chapter

The fifth chapter

第5章

规模化马场实习指导

The fifth chapter

The fifth chapter

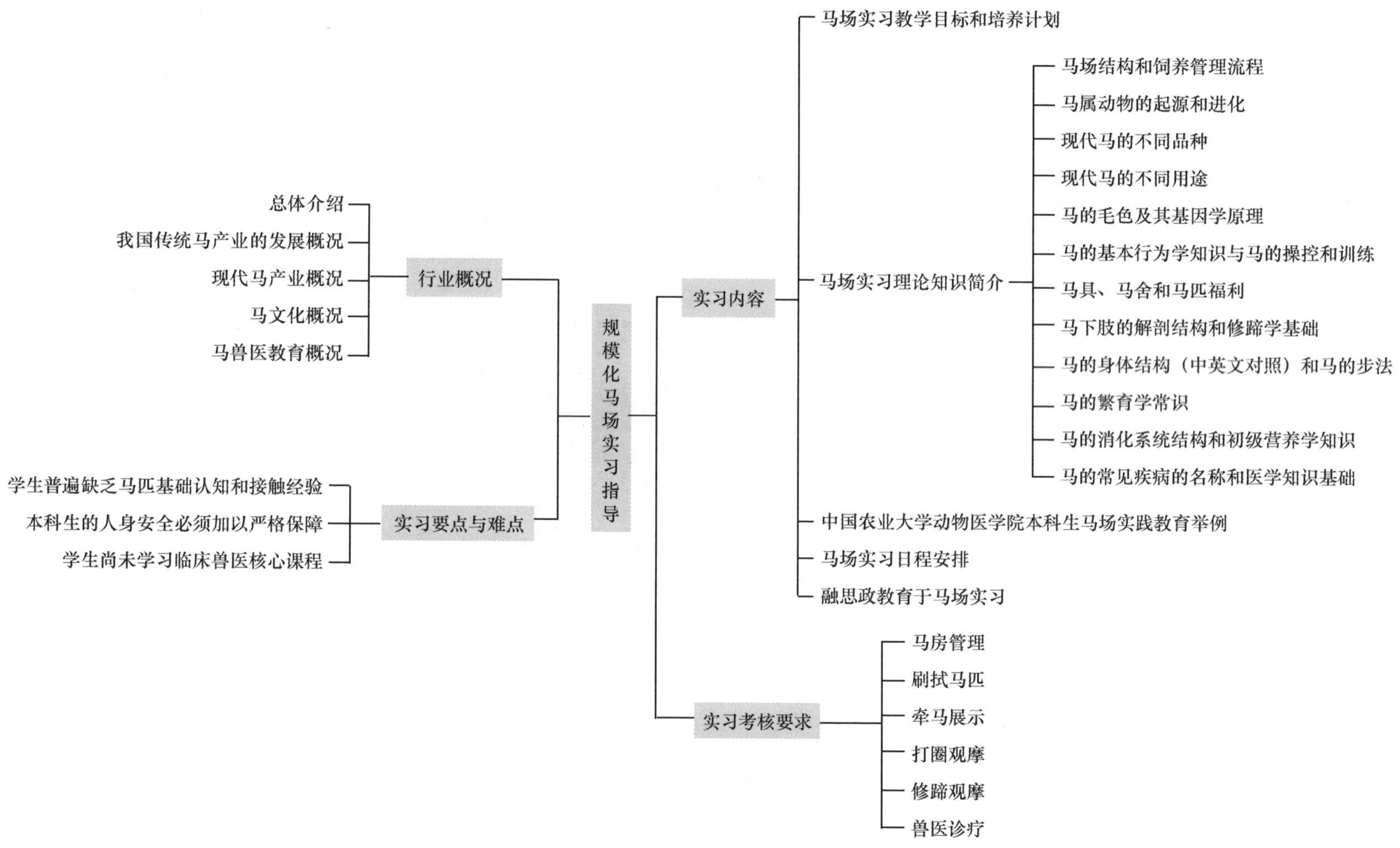
规模化马场实习指导
行业概况
总体介绍
我国传统马产业的发展概况
现代马产业概况
马文化概况
马兽医教育概况
实习要点与难点
学生普遍缺乏马匹基础认知和接触经验
本科生的人身安全必须加以严格保障
学生尚未学习临床兽医核心课程
实习内容
马场实习教学目标和培养计划
马场实习理论知识简介
马场结构和饲养管理流程
马属动物的起源和进化
现代马的不同品种
现代马的不同用途
马的毛色及其基因学原理
马的基本行为学知识与马的操控和训练
马具、马舍和马匹福利
马下肢的解剖结构和修蹄学基础
马的身体结构（中英文对照）和马的步法
马的繁育学常识
马的消化系统结构和初级营养学知识
马的常见疾病的名称和医学知识基础
中国农业大学动物医学院本科生马场实践教育举例
马场实习日程安排
融思政教育于马场实习
实习考核要求
马房管理
刷拭马匹
牵马展示
打圈观摩
修蹄观摩
兽医诊疗

一、行业概况

(一)总体介绍

“扬蹄千骥伴，昂首百川鸣”。马产业是我国畜牧业非常重要的组成部分。我国是世界上养马历史最悠久的国家之一。从古至今，马在战争、交通、通讯、仪仗、娱乐、狩猎、使役、赛事等多个方面都有着举足轻重的作用，同时在人民的思想和精神活动中也十分重要，被称为“六畜之首”(六畜为“马、牛、羊、鸡、犬、豕”)，马文化在文学创作、神话传说、雕塑绘画、图腾崇拜、风俗习惯等领域也表现出与其他动物不同的特殊地位，一直伴随着数千年来中华民族的进步和发展。我国的马匹数量一度达到 1144.7 万匹(1977 年)，居世界首位。目前仍居世界前列，2018 年我国马存栏 347.3 万匹，占世界总存栏的 6%，居世界第 5 位。我国马匹存栏较多的省份和自治区包括四川、新疆、内蒙古等，分别存栏 74.3 万匹、73.0 万匹和 63.8 万匹，总数占全国的 61%。其余马匹存栏较多的省份和自治区还包括西藏、广西、贵州、云南等。

(二)我国传统马产业的发展概况

我国共有 29 个地方马品种资源，录入国家级畜禽遗传资源保护名录的品种包括德保矮马、蒙古马、鄂伦春马、晋江马、宁强马、岔口驿马、焉耆马等。新中国成立以后，我国从苏联引入了阿尔登马、苏纯血马、苏高血马等马种，迅速改良国内马匹，并育成铁岭挽马、黑龙江马、关中马等多个新品种。马匹改良从很大程度上促进了我国农业农村地区生产力的发展。自 20 世纪 80 年代以来，马的役用功能随着农业机械化的到来逐渐衰落，全国马匹存栏逐渐呈下降趋势。马业也步入优化产业结构的转型期，马本身从畜牧产品和使役动物逐渐转变为以运动休闲、观赏娱乐和文化展示等为特色的文化产品，形成了现代马产业的雏形。

中国各族人民也在长期的生活实践中探索出了不同的马运动形式，比如哈萨克族、塔吉克族的“叼羊”，哈萨克族和柯尔克孜族的“姑娘追”，藏族的“马上拾哈达”，苗族的“斗马”，蒙古族的“吊马”“套马”等。

(三)现代马产业概况

近年来，随着我国综合国力和人民生活水平的不断提升，现代马产业正逐渐成为产生巨大社会效益和经济效益的主流产业。现代马产业主要包括马术业、赛马业、休闲骑乘业和产品养马业。目前我国的赛事用马主要为由国外引入的纯血马、温血马等品种。

马术业的代表国家有德国、英国、法国等，其中德国马术协会是世界上最大的马术协会，管理近 3 000 家马场。这些国家往往具有骑士文化传统，人民参与马术的热情较高。目前我国马术活动的社会普及也较迅速，尤其是青少年骑乘占越来越大的比重，全国登记注册的马业协会、马术协会、马术俱乐部超过 2 000 家。马术同样为奥运会、亚运会的比赛项目之一。另外，美国的西部马术以夸特马为主，结合了骑士文化和牛仔文化，是马术的另一种较为流行的表现形式。其主要内容包括绕桶、雷宁、截牛等多种运动形式。美国夸特马协会是世界上马匹注册数量最多的马业协会。目前，在我国经济发达地区也出现了一定数量的“西部马术”爱好者。

赛马业的代表国家和地区有美国、英国、日本、澳大利亚以及中国香港特别行政区。赛马业主要依靠博彩的形式进行商业速度赛马，以广泛的公众参与性带来巨大的经济效益。如享有盛誉的美国“三冠王大赛”中的肯塔基德比赛被称为“体育界最刺激的两分钟”，其投注额可高达1亿～2亿美元，奖金一般为200万～300万美元。从投注额来看，日本为世界上赛马投注最多的国家，其赛马活动受农林水产省管辖。在我国的香港特别行政区700万人口中，有超过200万马迷，香港赛马会向特区政府缴纳的财政税收占香港总财政收入的1/10左右。

休闲骑乘马业以美国为典型代表，2010年美国马业直接产值达420亿美元，休闲骑乘活动的直接产值为118亿美元，居世界首位。目前，美国马匹的存栏量也居世界首位，超过40%的马匹用于休闲骑乘，这种形式为马匹主要的使用形式。目前，我国的休闲骑乘马业也在各大旅游区、特色小镇、主题公园等平台逐步推广。

产品养马业是指在传统马业的基础上进行马匹、马乳、马肉以及马副产品的进一步开发利用。产品养马业较为发达的国家包括俄罗斯、哈萨克斯坦等。产品养马业受地方文化和风俗习惯的影响较大，并非世界主流马业的发展方向。我国部分地区也开发了马乳、马脂护肤品、马血清等相关产品。

（四）马文化概况

马文化深邃广大，是中华文化的重要组成部分，马加快了人类社会的变革，推动了生产力的发展，也促进了历史的进步。马文化包括物态马文化和非物态马文化，其中物态马文化包括雕塑、绘画、马车马具等，非物态马文化包括文学、精神、信仰、制度等。由于篇幅限制，下面试举几例说明。

在我国历史上，马对于国家的军事实力和统治至关重要，历代多设“马政”机关管理马事，皆因“兵马乃强国之本”。马政是指政府对于官用马匹的牧养、训练、使役、采购等的管马机构。据记载它起源于殷商时期，之后不断完善，成为国家部门机构中的重要组成部分。其中，历代马政机关又以太仆寺和车驾司最为有名，这些都是世界上历史悠久的马业行政机关。再如，自魏晋以来，常以帝婿担任主管皇帝随从车马的驸马都尉主管一职，因此简称驸马。另外，马也是重要的外交元素，古代国家之间就常以良马为国礼。自新中国成立以来，土库曼斯坦、吉尔吉斯斯坦、蒙古、阿根廷等国家也相继将本地良马赠予我国，马成为国家之间友好和平的使者。

马雕塑中最为著名的为甘肃武威出土的东汉“马踏飞燕”，为我国一级甲等文物，也被称为我国天马的形象大使。据考证，马镫也最早起源于我国。在湖南长沙出土的西晋骑马俑上出现目前发现最早的马镫。马镫解放了骑士的双手，使战马更容易操控，是一项里程碑式的发明。马球在我国古代被称为“击鞠”，起源于汉代，在唐代成为十分流行的运动，至清代衰落。目前，马球运动依然风靡于英联邦国家、美国、阿根廷等国家，其中阿根廷为世界上最大的马球马培育国和出口国，我国也有一定数量的马球爱好者。

中华文化中有关马的诗歌、故事、格言、俗语、歌曲、绘画、雕塑等数不胜数。与此同时，还流传着那达慕大会、马奶节、赛马节等与马相关的节日。在畜牧方面，春秋时期孙阳（即“伯乐”）所著的《相马经》是世界上最早的鉴马学著作之一。在兽医方面，唐代李石所著的《司牧安骥集》和明代喻本元、喻本亨所著的《元亨疗马集》为我国古代兽医疗马的经典著作。马文化可谓博大精深、多姿多彩。

(五)马兽医教育概况

马兽医教育是兽医专业中至关重要和必不可少的一部分。我国的现代兽医教育也普遍认为是从 1904 年北洋马医学堂成立开始,至今已有超过 110 年的历史。在此期间,我国的马兽医教育在大部分时间处于临床兽医学中的核心地位,为我国的国防和农业发展做出了突出的贡献。从 20 世纪 80 年代开始,我国的军用役用马匹开始被机械化所逐渐取代,马属动物的畜牧兽医教学和研究也日渐衰微。在之后的几十年,我国与国际马兽医的交流几乎停滞,发展差距日渐拉大。截至目前,马兽医教育教学在我国大部分兽医学院中往往处于被忽略的地位,马兽医临床出现了“缺医少药”的局面。当然,出现这样的情况是有原因的。据统计,我国目前有 87 所大学或机构提供兽医课程,招生数量庞大,呈教育资源紧缺的局面,这是我国兽医教育面临的主要问题之一。马属动物作为个体价值较为昂贵的动物,在很多情况下因经济原因难以作为实验动物进行购置。另外,原来兽医教学医院的主要病例来源为农业农村地区农民饲养的家畜,而如今随着城市化的发展,马属动物的总病例量不仅在减少,而且兽医学院的教学动物医院往往处于城市之中,不再有利于马等大型动物的诊疗。马兽医方面的专业课程在我国目前大多数兽医学院中也廖廖无几。

国外的兽医培养模式和我国有所不同。以美国为例,美国的很多少年儿童受到家庭和周围社会环境的影响,自幼就对马产生兴趣,并以马兽医为职业目标,并在成长环境中参与很多与马相关的活动。在攻读兽医学位之前,一般都预先攻读了与马相关的畜牧本科专业,具有了相当程度的马学和其他畜牧学知识以及与马接触的经验,而后再进入兽医学院学习,并在培养过程中着重加强与马相关的兽医学习。我国与很多欧美国家的国情不同。在我国的大部分地区,与马相关的体育文化活动尚未达到普通人日常可接触的水平。随着我国的快速城市化发展,即使在某些农业农村地区,马属动物也不再常见。再加上我国强度较高的中小学教学设置,导致了我国很多兽医专业的学生在进入本科阶段学习前对于马属动物缺乏感性认知,很多学生甚至并未有机会亲自接触或见过马属动物,对于其临床诊疗就更加陌生和难以接受。由于临床兽医学是一门应用学科,在目前环境下的马兽医教学就比较困难,如何在本科阶段补充和加强学生对动物的接触机会和认知能力,理论教学和实践教学是十分重要的,也是目前马兽医教育工作的重点和难点。

为充分发挥校企双方优势,为行业培养更多高素质、高技能人才,为学生实习、实践、就业提供更大空间,进一步落实关于培养复合应用型人才的目标,不断补充和完善教育教学体系建设,广大学生在较好掌握专业基础理论的同时,能更进一步提高实际操作能力和解决生产实际问题的能力,中国农业大学动物医学院与东方马都(天津)有限公司等马场联合共建“养殖科教示范基地”,教学、科研、生产三者更加有机地结合,更好地为实践教学和生产实际服务。部分动物医学专业三年级的学生在暑期进行了为期两周的马场专业实习。目前,该马场已经进行两届,共接收了约 30 名学生。在此过程中,该马场积累了较为丰富的教学和实践经验,可以为高等农业院校的马兽医教育教学提供参考和依据。

目前正是我国马产业蓬勃发展,尤其是与国际交流不断加深的时期,如 2008 年北京奥运会,2010 年广州亚运会等都包含马术竞技活动;另外,还有 2014 年世界汗血马大会和 2018 年第15届世界马医大会。然而我国马业面临的挑战依然很多，我国本土马种资源挖掘利用依然不足，赛事用马主要依赖进口；生产方式相对落后，饲养和调教水平不高，临床马医和诊疗机构与发达国家有较大差距；市场培育尚不成熟，马产业并未成为大众型消费产业，宣传推广有待加强。这些问题都是目前制约我国马业发展的重要因素，亟待解决。2020年，农业农村部和国家体育总局联合发布《全国马产业发展规划(2020—2025年)》，对我国的马业发展指明了方向，并进行了系统的规划、引导和部署，促进了产业融合和转型升级。

二、实习要点与难点

1. 实习要点

(1)了解马学和马文化的基础知识。

(2)了解现代马的不同品种和用途。

(3)了解和熟悉马的常见行为。

(4)掌握马属动物操控保定的常见方法。

(5)掌握马匹常见的护理方法。

(6)掌握马的常见疾病及其诊断方法。

2. 实习难点

(1)马的操控和训练。

(2)马中西医治疗基本技术。

(3)马的修蹄护蹄技术。

三、实习内容

(一)马场实习教学目标和培养计划

马场实习是目前动物医学专业本科教学的重要组成部分。为了确保将马场实习落到实处，特编写本书用以规范教学目标、培养计划和考核方式。马场实习应专门指定实习带队老师，与马场带教人员共同制定详细的马场实习日程和活动，明确实习目的，端正实习态度，保证实习质量，同时训练与培养良好的思想道德素质、心理身体素质、科学研究素质等。

马场实习虽然是以实践认知为主，但也不可忽视理论教学。基本的马学知识是作为一名马兽医的必要理论储备，很多学生放弃进行马兽医学习的原因就是没有经过系统的马学培训，从而对马和马主人望而生畏。鉴于我国本科生普遍缺乏对马的认知和接触经验，马场实习的理论知识内容主要通过教师或马场带教人员授课的方式传授，较为系统而简洁地对马科学和马文化进行教学。中国农业大学动物医学院的马场实习参考并认真筛选国外马科学教学内容，明确了下列12个知识点作为必修授课内容(表5-1)，教师或马场带教人员以PPT讲解授课的方式对学生进行教学，每节课时间约50 min。

表 5-1　马场实习学生应掌握的 12 个马科学和马文化知识点

	内容
1	马场结构和饲养管理流程
2	马属动物的起源和进化
3	现代马的不同品种
4	现代马的不同用途
5	马的毛色及其基因学原理
6	马的基本行为学知识与马的操控和训练
7	马具、马舍和马匹福利
8	马下肢的解剖结构和修蹄学基础
9	马的身体结构专有名词(中英文对照)和马的运步特点
10	马的繁育学常识
11	马的消化系统结构和初级营养学知识
12	马的常见疾病的名称和医学知识基础

实践过程的培养是马场实习的核心内容。在整个实习实践的过程中,除了动物医学院的专职教师之外,马场的业务骨干和一线工作人员在其中起到了至关重要的作用,他们被称为“带教老师”。在带教老师的带领下,学生们会更深入接近马匹,了解马的性格和行为,参与马场的日常工作,切身体会马匹的饲养管理和兽医诊疗过程。马场的领导和业务骨干会针对马饲养管理和兽医诊疗的具体问题向学生们进行专题报告和经验分享。在中国农业大学动物医学院的马场实习过程中,有马场的业务骨干讲授马匹的中兽医治疗专题,有专业的马术教练为学生们讲解运动马的训练、骑乘和比赛,也有一线的工作人员带领学生们进行马房管理、马匹饲养、马匹牵遛、马匹繁育和马匹的简单兽医诊疗(表 5-2)。这种校企共同带教的方法充分发挥了双方的人员和资源优势,使学生在理论和实践方面以有机结合的方式学习与马相关的知识和技能。

表 5-2　马场带教老师和学院专职教师带领学生进行的实践教学内容

	实践教学内容
1	马房管理
2	马匹部位识别和外貌鉴定
3	马匹登记
4	马具护理
5	马匹牵遛
6	马匹护理(洗马、刷马、喂马等)
7	修蹄护蹄
8	马匹调教、马术训练
9	骑乘体验
10	配种观摩
11	马中西医治疗基本技术
12	影像学、实验室诊断技术

(二)马场实习理论知识简介

1. 马场结构和饲养管理流程(马场带教老师)

由马场带教老师对该实习马场的概况和饲养管理流程进行进一步的深入介绍和总结。马场工作人员带领学生熟悉马场各个工作区域和生产环节。了解不同马场的生产需求、管理规范、选址依据;了解马房的设计和功能、外部设计、内部设计、布局以及某些移动马房的设计等;了解马场的围栏、垫料、繁育设施、灰尘控制措施、防火措施等细则。了解马场的运动场地设计和管理。

2. 马属动物的起源和进化

大致了解马属动物起源的时间范围以及马属动物在历史上在各个大陆的迁移过程,包括始马、中马、原马、上新马、真马等的进化趋势和过程。了解马属动物在适应自然环境尤其是食物、地面等的过程中其牙齿、足部等身体结构的进化趋势。了解当前马属动物的大致物种和分类,包括马亚属、驴亚属、细纹斑马亚属、斑马亚属和种间杂种等。了解物种和品种的不同概念。了解马的驯化过程和野生马的形成。

3. 现代马的不同品种

内容可能涉及的轻型马品种包括纯血马、阿拉伯马、夸特马、标准马、摩根马、美国鞍马、田纳西走马、密苏里狐步马、落基山马、哥得兰马、支步马、利比扎马、摩拉伯马、国家表演马、帕索菲诺马、秘鲁帕索马、美洲巴什基尔卷毛马等。

内容可能涉及的挽马品种包括佩尔什马、萨福克马、克莱兹代尔马、比利时马和夏尔马等。

内容可能涉及的矮马和迷你马品种包括威尔士矮马、美国矮马、设特兰矮马、挪威峡湾矮马、康涅马拉矮马等。

内容可能涉及的马术运动马品种包括安达卢西亚马、汉诺威马、特雷科纳马(东普鲁士马)、荷斯坦因马、美国温血马等。

其他可能涉及的马属动物品种包括一些重型或轻型马以及驴、骡等物种和品种。

4. 现代马的不同用途

在现代马的不同用途中,展示和比赛的主要内容可能涉及马匹展示或表演(牵马展示、西部马术表演、障碍马表演、鞍马表演、狩猎马品种和表演、狩猎矮马表演、三项赛、驾车表演、金卡纳马术表演、牛群工作马表演等)、盛装舞步表演、马上体操表演等以及速度赛马,包括速度赛马的类型、速度赛马的分区、派利分成博彩、轻驾车速度赛、夸特马速度赛和纯血马速度赛等。

另外,可能涉及的内容包括牛仔竞技比赛(牧场竞技、截牛赛、分群赛等)、马上体操赛、耐力赛、野骑比赛、猎狐赛、马球赛和马对人的心理治疗等。

5. 马的毛色及其基因学原理

明白品种和品种注册的定义。了解一些基本的毛色注册要求,如帕洛米诺毛色(银棕色)、花毛、品脱毛、阿帕鲁萨、斑点毛、鹿皮毛、白化毛等;能够辨认典型的常见马品种;能够辨认马的毛色,例如,黑色、栗色等了解主导毛色的基因学知识;简单了解花马的毛色类型以及斑点马的特点;简单了解与品种相关的疾病;掌握马的面部别征和腿部别征的相关名词(图 5-1、图 5-2)。

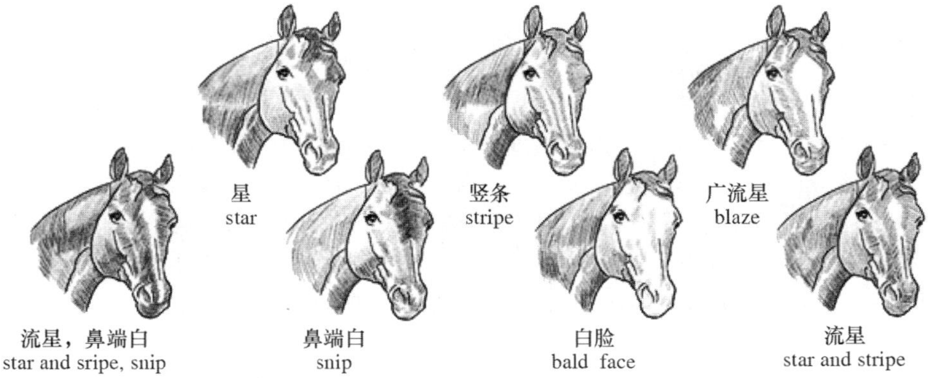

图 5-1 马的面部别征

（绘图 易梓文，中国农业大学动物医学院 2020 级在读硕士生）

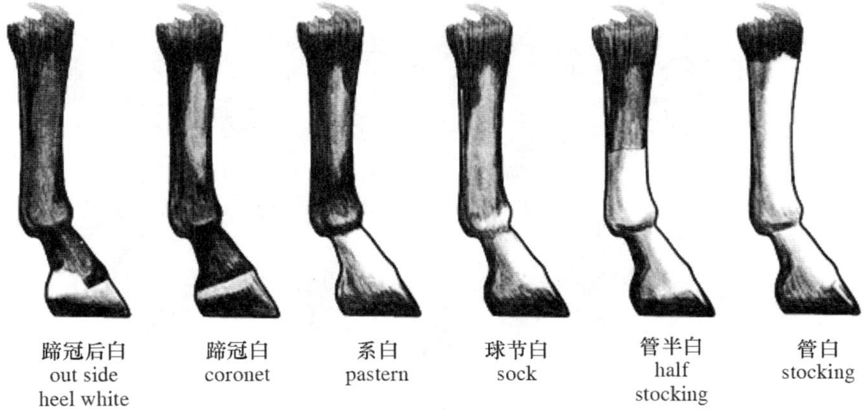

图 5-2 马的腿部别征

（绘图 易梓文，中国农业大学动物医学院 2020 级在读硕士生）

6. 马的基本行为学知识与马的操控和训练

学生了解骑师和马兽医工作存在的危险性；了解每一匹马的训练和生活背景是不同的，其危险性也有所不同；基本理解马、马的行为和其对刺激可能做出的反应；掌握马的基本保定措施；了解马的视野；了解马的一些常见的惯常和异常的行为。

有关马性情和行为的内容可能涉及性情的类别、争斗行为、护幼行为、哺育行为、求护行为、探索行为、理毛行为、排泄行为、摄食行为、玩耍行为、模仿行为、学习行为、睡眠和不眠行为、恶癖行为等。

关于马的操控可能涉及的内容包括马的捕捉和上笼头、牵马、保定马、化学保定等；关于人马安全可能涉及的内容包括安全行为、安全着装、捕马放马、牵马拴马、安全马周工作、安全上水勒和上鞍、安全上马和安全骑乘等。

关于马的运输可能涉及的内容包括运马车、装马上车、安全运输措施、避免运输疲乏等。

关于马的运动、调教与训练可能涉及的内容有马的运动方式、长缰遛马、环境影响、马的反应、给马的刺激、行为强化、行为塑形、长期重复训练、抑制干预、学习程度和效果、早期经验影响、马的智力等。

有关马的运动生理知识可能涉及的内容有心血管系统对训练的反应、呼吸系统对训练的反应、骨骼对训练的反应、体态和应激水平的评估等。

7. 马具、马舍和马匹福利

了解马房的设计对马匹健康的影响，如通风、温度、应激等。了解常用马具的种类、结构、护理、储存、清洁和使用方法，如笼头、衔铁、缰绳、马鞅、马鞍、水勒、保温毯等(图 5-3)；了解不同方式的骑马运动所需的马具不同，如英氏骑术、西部骑术、耐力骑术、野骑、横鞍骑乘、鞍座骑术、轻驾车、普通马车等；了解马舍中常备的用具，如水槽或水桶、喂食装置；了解马匹长距离运输过程中可能诱发的健康问题；了解繁育马匹和运动马匹日常的健康护理。

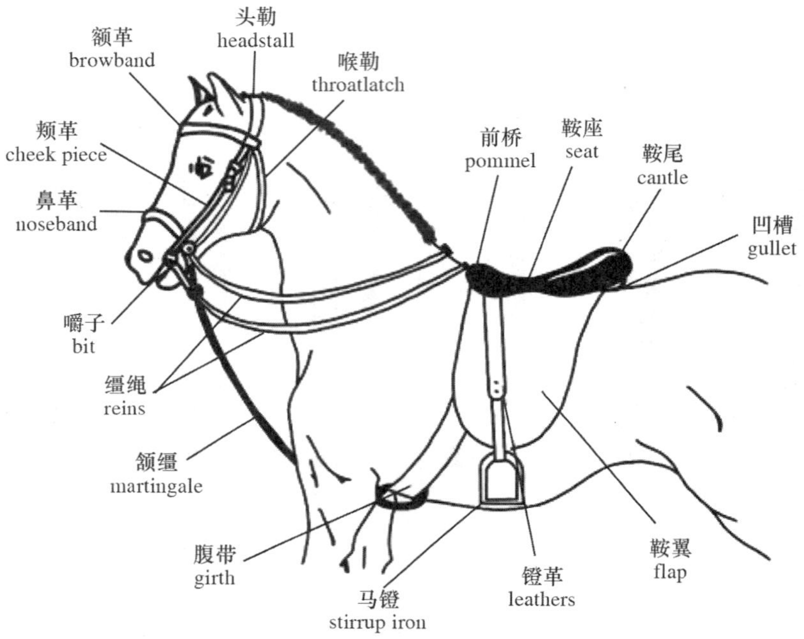

图 5-3　英式骑术的马具

(绘图 易梓文，中国农业大学动物医学院 2020 级在读硕士生)

8. 马下肢的解剖结构和修蹄学基础

掌握马足部的解剖结构(图 5-4)和生理功能；了解马修蹄师的工作内容和范围；了解如何对马的蹄部进行操控，了解蹄部的日常清理和检查；了解修蹄对于维护马足部健康的重要性；了解修蹄在解决某些足部疾病问题时的必要性；了解蹄系部轴的概念以及维持其竖直的必要性；简单掌握如何修蹄、修蹄所需的器械、修蹄的步骤和蹄部评估等；了解马驹和成年马不同种类的矫形修蹄和蹄铁的相应功能，如直蹄铁(straight bar)、蛋形蹄铁(egg bar)、心形蹄铁(heart bar)、高跟蹄铁(pattern bar)等。

9. 马的身体结构(中英文对照)和马的步法

了解马身体结构的常见名词(中英文)(图 5-5)，初步了解养马人和马兽医常用的口头语以便于交流。掌握马的基本步法的类型，能够通过观察辨识慢步或常步(walk)、快步或速步(trot)、跑步或驱步(canter)以及袭步(gallop)，了解每种步法的节律和运步方法。简单了解衍生步法(ambling gaits)的类型以及相应的马品种。

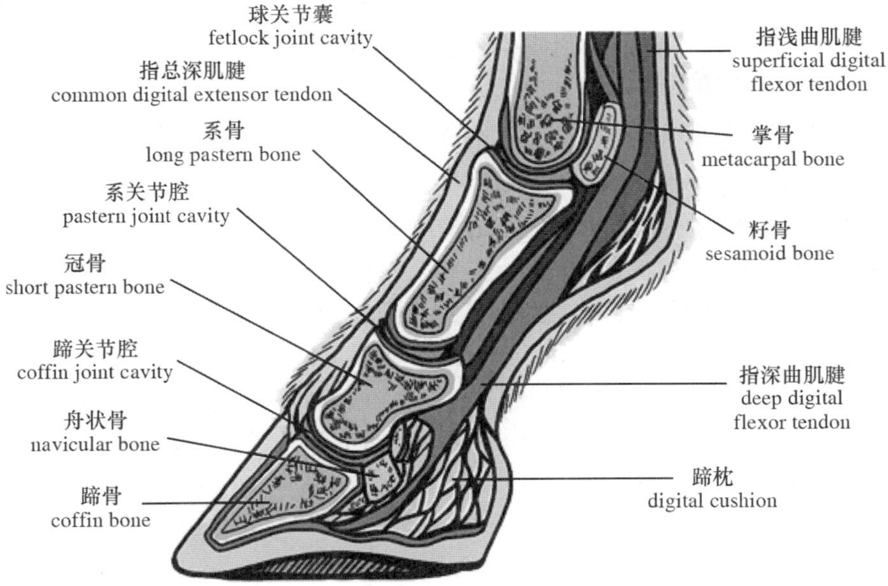

图 5-4　马足部的解剖结构

（绘图 易梓文，中国农业大学动物医学院 2020 级在读硕士生）

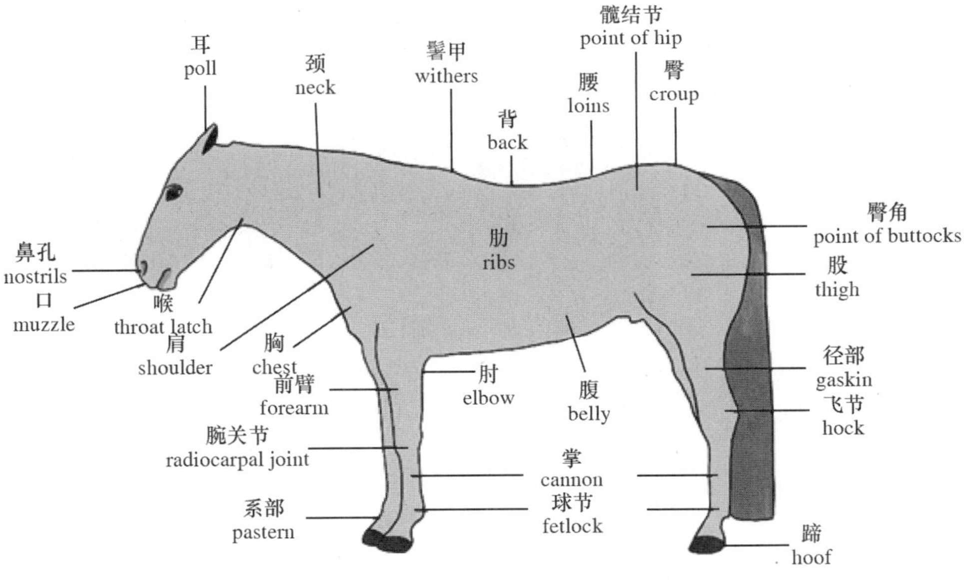

图 5-5　马身体结构的常见名词（中英文）

（绘图 易梓文，中国农业大学动物医学院 2020 级在读硕士生）

10. 马的繁育学常识

有关公马繁育基本知识可能涉及的内容包括公马的繁殖系统（阴囊、睾丸、附睾、输精管、阴茎、包皮、副性腺等）；精液生成的内分泌知识和特点；采精、精液处理、评估和储存的基本知识和假阴道的使用；公马的繁殖评估、不育症；年轻公马的调训、去势术的年龄、步骤和隐睾症等。

有关母马繁育基本知识可能涉及的内容包括母马的繁殖系统(卵巢、输卵管、子宫、子宫颈、阴道、外阴、乳房等);母马的繁殖生理(发情周期、行为学、激素调节、发情和配种记录等);公马和母马的配种准备、配种区域、本交、人工授精、繁殖障碍、胚胎移植等;母马的妊娠期长度、激素调节、胎盘附植、胎儿生长、孕期检查、流产和胎儿性别鉴定等。

11. 马的消化系统结构和初级营养学知识

学生了解马消化系统(图 5-6)的重要组成部分和功能,重温兽医解剖学、生理学和组织学的知识;了解马的一般食物种类,如粗饲料、精饲料和精饲料副产品等;对马添加剂有比较清楚的定义和认识;了解马的营养需求,包括水、碳水化合物和脂质、蛋白质、维生素、矿物质(常量元素和微量元素);了解一般情况下马的饲料配比,包括日粮配方和商业马粮;了解马的营养学管理,包括群体饲养、饲喂设施、马的食欲、饲料处理、饲喂和饮水时间、饲喂和饮水的频率、年龄和怀孕对饲料配比的影响、粗饲料的营养需求、猪和牛饲料在马上的应用,并对营养可能涉及的疾病有初步的了解。

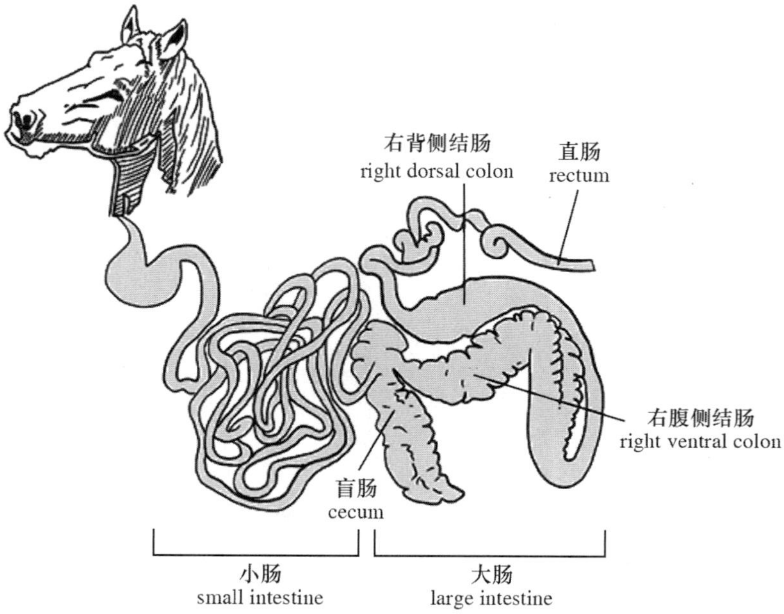

图 5-6 马消化系统

(绘图 易梓文,中国农业大学动物医学院 2020 级在读硕士生)

12. 马的常见疾病的名称和医学知识基础

认识和了解几种马常见的疾病名称以及初步的疾病生理背景知识,如蹄叶炎、急腹症等以及常见的代谢病和疾病预防知识,了解马的体内外寄生虫的基本常识。

掌握马的基本生理指标,如呼吸、体温、心率、皮肤和黏膜形态、排泄物形态等;学会识别马的跛行;了解兽医急救对马的重要意义,包括马的切割伤、撕裂伤、穿刺伤、烧伤和挫伤的处理和基本的创伤管理知识以及其他的一些急症处置;了解马的牙科护理。

了解马驹的基本疾病和护理常识,包括母马和马驹的围产期护理,分娩预测、分娩特征、难产、引产等;了解常见的马驹疾病和孤儿马驹的护理;了解马驹的断奶、马驹的调教与训练;了解常见的马驹遗传性缺陷包括形态异常、发育性疾病、溶血症、免疫缺陷疾病和被动免疫失败等。

(三)中国农业大学动物医学院本科生马场实践教育举例

中国农业大学动物医学院本科生 2018 年和 2019 年在实习马场进行了与马畜牧兽医学相关的丰富多彩的实践教育，现在以图片形式举例，以供参考(图 5-7 至图 5-16)。

图 5-7　马匹牵遛实践练习

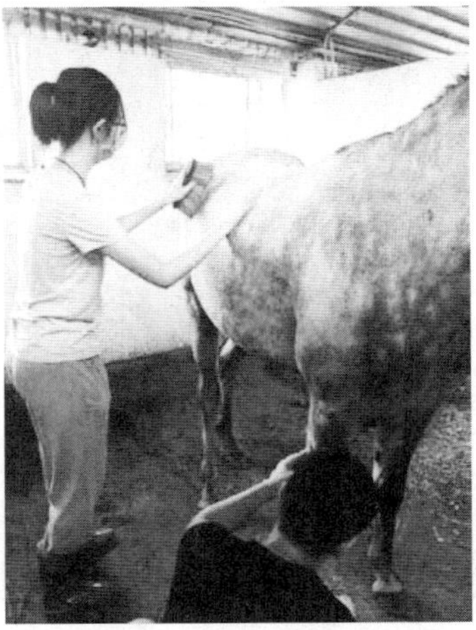

图 5-8　马匹刷拭实践练习

图 5-9　马直肠检查实践练习

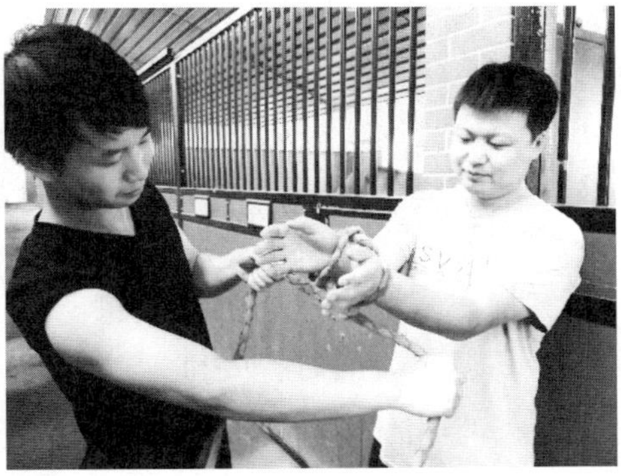

图 5-10　绳结实践练习

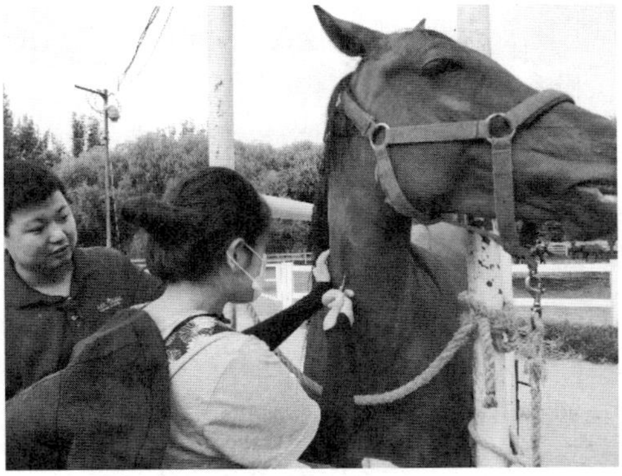

图 5-11　静脉注射实践练习

图 5-12　马匹骑乘实践练习

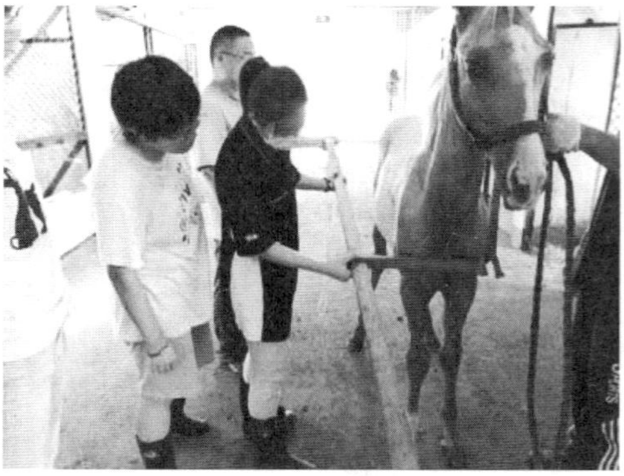

图 5-13 马匹登记实践练习

图 5-14 马匹听诊实践练习

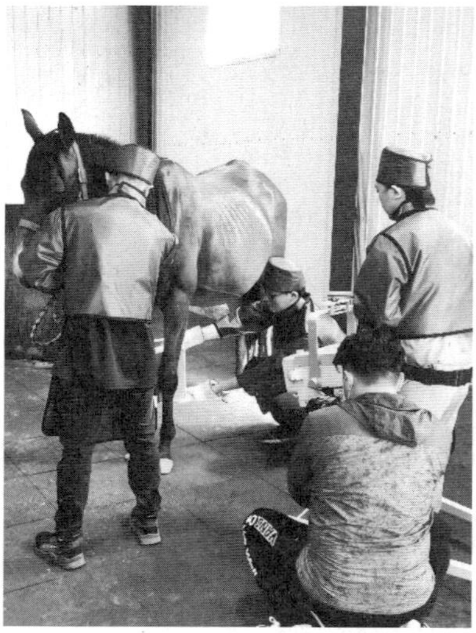

图 5-15 马匹 X 光拍摄教学演示

图 5-16 马匹内窥镜教学演示

（四）马场实习的日程安排

下面以两周的马场实习为例来介绍马场实习日程安排。第一周的第一天一般应该由马场工作人员介绍马场的结构和马匹饲养管理，第一周的周二至周五每天上午和下午均应安排相应的理论和实践课程，针对马相关的不同主题和知识点进行讲解。第一周实习对马场工作以观摩为主，第二周开始由马场工作人员安排参与马场工作，遵照马场作息参与力所能及的劳动。学生有义务服从马场工作人员的管理，有义务积极参加马场劳动。

实习安排时间表（表 5-3）由学院本科生马场实习负责人与马场的带教老师共同制定。其制定原则为“环节安排紧凑、理论实践交叉、合理利用时间、保证充分休息”。到场第一天，安排学生报道和参观马场的各个组成部分，包括马厩、运动场、放牧场、仓库、马医院、实验室等。第二天开始正式进入马场实习。马场的作息从每天上午 7:00 开始，早餐过后从 8:00 开始进入工作。学生将完全参与到马场的日常工作之中，一般上午和下午会分别进行 1～2 h 的马场劳动，而后进行理论课和实践课的学习。每天的实习至 17:00 左右结束。

每天 19:00～21:00，企业特意安排业务骨干、资深教练、马场工作人员、兽医和马场新人等，与学生们进行专题分享和交流，加强实践教育。这些业内人士的言谈身教使学生们能对实习内容和所学知识有更亲切和更深入的体会。除此之外，还安排多次马文化主题电影赏析，丰富其业余生活，培养爱马情怀。在 2 周实习即将结束之时，也会安排时间让每个实习生总结实习中的所得所思，并对完善校企合作提出自己的看法，评价马场实习的效果和自身收获，为未来马场实习的新模式提供了宝贵的反馈。

表 5-3 中国农业大学动物医学院马场实习时间表(供参考)

第一周实习安排表							
	星期一	星期二	星期三	星期四	星期五	星期六	星期日
7:00—7:30	早餐						
8:00—9:30	报到 注意事项	马房管理	马房管理	牵遛马匹	马匹护理	马匹护理	休息
9:30—11:00	马场管理 流程 理论课	部位识别 外貌鉴定	马具护理	马房管理	马房管理	马房管理	
11:00—11:50		理论课	理论课	理论课	理论课	理论课	
12:00—13:30	午餐、午休						
14:00—15:30	参观马场 马医院 及实验室	马匹登记	兽医诊疗	观摩配种	修蹄护蹄	体格检查	休息
15:30—17:00		马房管理	马房管理	马房管理	马房管理	马房管理	
17:00—17:50	理论课	理论课	理论课	理论课	理论课	理论课	
18:00—19:00	晚餐、休息						
19:00—21:00	自习	马主题 电影赏析	自习	自习	马主题 电影赏析	自习	休息
22:30	休息						

第二周实习安排表					
	星期一	星期二	星期三	星期四	星期五
7:00—7:30	早餐				
8:00—9:30	马房管理	马中兽医治 疗基本技术	马实验室 诊断技术	影像学设备 教学演示	宿舍用品 交接返校
9:30—11:30	兽医诊疗				
11:30—13:30	午餐、午休				
14:00—15:30	马房管理	马房管理	马房管理	PPT 汇报	
15:30—17:30	打圈调教	兽医诊疗	兽医诊疗	骑乘体验	
17:30—19:00	晚餐、休息				
19:00—21:00	饲养管理 负责人分享	兽医保健 负责人分享	调教训练 负责人分享	兽医保健 助理分享	
22:30	休息				

(五)融思政教育于马场实习

责任感教育是马场实习的一个重要目标。现代化马场虽然多以休闲娱乐或繁育为目标,但是马场的日常工作仍然十分繁累。绝大部分学生并未有太多马属动物的接触经验和工作经验。另据调查,除少数学生来自农村地区之外,大部分学生来自城市地区。即使是在农村地区,现在也鲜有与马属动物的接触机会。另外,实习学生的性别以女生居多,以独生子女居多也是学生人群分布的重要特点。我国普遍学习强度较高的中小学教学体制使学生们在之前的生活经历中很少有与他人协作、或独立完成工作的机会,更谈不上高强度的体力劳动,更多是在家长和社会的羽翼呵护之下完成学业。

综合以上因素,马场实习的责任感教育既艰难,又关键。比如,在实习开始阶段,往往有少数学生难以适应马场的劳动强度,产生抱怨情绪等。此时就需要学院带队教师以合理的方式进行责任感教育和心理疏导。事实上,我们认为农场的劳动实习是培养学生自我教育、自我分析、自我检查、自我评价的能力以及个体对社会尽责和奉献精神的非常好的机会,为学生在毕业后参加工作进行了意志的锻炼,促使了其良好习惯的养成。在实习过程中必须使学生明白,只有亲身参与和体验马场的日常劳动工作,他们对所学习的理论课程和实践课程体会才更深入。他们只进行短时间的体验和参与这些看似枯燥繁累的工作,而在每年的绝大部分时间,这些劳动都在由马场职工日常完成。一个人首先应该能够很好地完成普通的日常工作,将来才能逐渐去开展更大的事业。通过对学生的思政教育,完成由“学生”到“成人”的转化是高等教育一个长期而艰巨的任务。我们发现,在经历开始阶段的劳动和思政教育之后,学生普遍更加热爱学习专业知识,并对自己所处的优越的学习条件和环境更加珍惜,这些是很多学生在原来的以课堂教育为主的教学模式中所没有意识到的。

中国农业大学动物医学院 2017 级和 2018 级动物医学专业本科生采用校企合作的新模式进行马兽医实践教育,通过教师示范讲解、学生观看和实操、小组讨论、个人展示汇报等环节完成实习内容,从零基础开始学会如何与马相处,并对马科学基础知识和马兽医所需的一些基本知识和技能进行掌握,锻炼和增强了实际动手能力和独立工作能力,并帮助学生进一步树立了正确的世界观、人生观和价值观,大大提升了本科生的综合能力。

四、实习考核要求

首先,必须明确本科生马场实习是学院本科生规模化农场实习的组成部分之一,而本科生农场实习则是目前动物医学专业实践教学的关键环节,与动物医学其他专业课程的地位是同等重要的。因此,对于学生所掌握知识和实习效果的考核是必不可少的。考核的意义在于检验和反馈,督促学生在实习过程中态度认真端正,并通过考核反映学生对理论和实践知识的实际掌握。通过考核也锻炼了学生在马学和马兽医学方面文献检索能力、语言沟通表达能力和利用专业知识解决实际问题的能力。

中国农业大学动物医学院安排所有在鸡场、猪场、牛场或马场实习的学生都需要在实习结束后统一提交实习总结报告。实习总结报告能够展示学生学习态度,并能良好体现学生在实习期间所学内容的汇总及其专业报告书写能力。学院安排带队老师根据相关标准进行认真批阅。

其次,对于马场实习的学生而言,考核要求还不仅于此。中国农业大学动物医学院马场实习考核采纳国外大学常用的教育方法,要求学生对于马科学或马兽医学某一知识点进行深入文献检索和归纳，并在实习结束之前向全体同学和老师进行汇报。这种考核模式不仅加强了学生在针对某一学术问题时通过文献检索进行自我学习和分析解决的能力，也锻炼了学生在专业汇报交流和公众发言的能力。通过多个学生的互相分享，全体学生都能更深入地了解学习多方面的知识，可谓一举多得。这样的"汇报-分享"模式在中国农业大学动物医学院研究生阶段某些课程使用很多，在本科生阶段教学应用还较少。

最后，在每一次实践学习的过程中，学生的专业态度、实操表现也会由带队老师和带教老师对其进行评价。表 5-4 为马场实践教学最基本的要求和考核标准。

表 5-4　马场实践教学内容的基本考核要求

实践内容	考核标准
马房管理	能够独立清扫马房；垫料干燥松软，无大颗粪便，无杂物；料槽水桶干净无杂质；马厩无蛛网；过道干净整洁
刷拭马匹	能够独立刷拭马匹，达到无明显灰尘的程度；能够正确使用硬刷、软刷、按摩刷、蹄钩等护理工具；能够准确说出每个护理工具的名称和作用
牵马展示	能够独立牵马进行慢步和快步展示；正确牵绳，牵马者位置安全且合适
打圈观摩	能够描述马匹的运动状态；描述马匹慢步、快步、袭步、跑步的步伐特点
修蹄观摩	能够正确描述蹄部结构，能够简单描述修蹄流程，能够准确说出每个修蹄工具的名称和作用
兽医诊疗	能够根据学术名称准确指出马匹的不同部位，了解马匹常见疾病，能够简单介绍常用药品的药理机制和适用证

五、思考题

(1)传统马业和现代马业中马的用途有何异同？试举例说明。

(2)试举几例我国古代与马相关的畜牧兽医典籍。

(3)马的基本步法有几种？试述几种不同步法的特点和用途。

(4)马房的设计如何体现与动物福利的关系？

(5)试举例说明英式骑术的一些马具及其用途。

(6)马的品种大致可分为几种？分别以哪些常见品种为代表？

(7)两匹黑毛的马所产生的后代，其毛色和基因型分别有几种可能性？概率如何？

(8)试举例说明马的一些正常行为和异常行为。

(9)简述马的消化系统与反刍动物和犬猫相比有什么特殊性。

(10)试举出几种马的常见疾病并简述其发病原因。

六、参考文献

[1]国马传媒. 北洋马医学堂：近代兽医教育的历史沿革与发展[EB/OL]. https://www.sohu.com/a/191524334_659580，2017-09-12.

[2] RIGGS C M，SAVAGE C J，World Equine Veterinary Association and Clinical Evidence for the Chinese Practitioner[J]. Equine Vet J，2018，50：281.

[3] 中华人民共和国教育部. 高等教育本科专业名单[EB/OL]. http://www.moe.gov.cn/srcsite/A08/s7056/202003/W020200303365403079451.pdf,2020-03.

[4] 沈建忠.当前我国兽医教育存在的问题及发展思路[J].中国畜牧兽医文摘,2016,32(7):2-3.

[5] 付强,史慧君,苏艳,等.关于美国兽医教育专家来我校讲学的几点思考[J].教育教学论坛,2016(23):198-199.

[6] 韩国才. 马学[M]. 北京:中国农业出版社,2017:11-14.

[7] 王建国,吴晨晨,路浩,等.动物医学专业学生培养中加强临床教学的意义:以兽医内科学临床教学实习为例[J].中国畜牧兽医文摘,2015,31(9):227-228.

[8] 董婧,何剑斌,白文林,等.我国兽医人才分析与兽医临床教学实习改革实践[J].亚太教育,2015(34):78.

[9] 俄克拉克马州立大学动物科学系. 马品种[EB/OL]. http://afs.okstate.edu/breeds/horses/,1995-02.

The sixth chapter

The sixth chapter

第6章

规模化农场实习标准化

The sixth chapter

The sixth chapter

一、实习情况登记表

动物医学专业本科生规模化农场实习情况登记表(样表)

<table>
<tr><td colspan="2">学号</td><td></td><td>姓名</td><td></td><td>性别</td><td></td></tr>
<tr><td colspan="3">实习单位</td><td colspan="4"></td></tr>
<tr><td colspan="3">实习时间</td><td colspan="4">自______年_____月_____日起
至______年_____月_____日止，共______天</td></tr>
<tr><td colspan="3">实习工作内容(岗位)</td><td colspan="4"></td></tr>
<tr><td>自我鉴定</td><td colspan="6">包括农场实习表现、实习收获及存在问题等方面</td></tr>
<tr><td rowspan="2">实习单位意见</td><td>校外导师</td><td colspan="5">签名：</td></tr>
<tr><td>单位</td><td colspan="5">实习单位盖章
年　月　日</td></tr>
<tr><td rowspan="2">学院意见</td><td>带队导师</td><td colspan="5">签名：</td></tr>
<tr><td>学院</td><td colspan="5">盖章：
年　月　日</td></tr>
</table>

二、实习报告格式与要求

××××大学

动物医学专业本科生规模化农场实习报告

姓　　名 ____________________

学　　号 ____________________

校内导师 ____________________

校外导师 ____________________

基地名称 ____________________

实践地点 ____________________

联系电话 ____________________

电子邮箱 ____________________

二零　　年

1. 实习起止日期

2. 主要实习内容

3. 实习实践中发现的问题

4. 解决的问题方法及效果

三、实习成绩记录表

动物医学专业本科生规模化农场实习成绩记录表(样表)

学生姓名：　　　　　　　　　　　　　　　　学号：

<table>
<tr><th rowspan="2">评定项目</th><th rowspan="2">评定内容</th><th colspan="3">考核结果</th><th rowspan="2">备注</th></tr>
<tr><th>优秀</th><th>合格</th><th>不合格</th></tr>
<tr><td>实习表现</td><td>实习过程：劳动和工作态度、艰苦奋斗精神、动手操作能力、分析与解决问题能力、团队协作精神、组织纪律性</td><td></td><td></td><td></td><td></td></tr>
<tr><td rowspan="3">实习效果</td><td>掌握技能：实践中所掌握的本领域或学科实践技能</td><td></td><td></td><td></td><td></td></tr>
<tr><td>标志成果：实践中所取得的标志性成果</td><td></td><td></td><td></td><td></td></tr>
<tr><td>问题与建议：实践中存在哪些问题及相关建议</td><td></td><td></td><td></td><td></td></tr>
<tr><td>实习报告</td><td>内容与记录：报告内容的全面性与深度，表述的逻辑性与清晰度，收获心得体会与建议</td><td></td><td></td><td></td><td></td></tr>
<tr><td colspan="2">总成绩</td><td colspan="4">□ 优秀
□ 合格
□ 不合格</td></tr>
<tr><td colspan="6">具体评价意见：(请写出明确、具体、详细的评审意见)

评定小组成员(签字)：

年　月　日</td></tr>
</table>

注：优秀率不得超过参加考核总人数的20%。考核结果将计入本科成绩单和GPA(“优秀”按90分计入，“合格”按80分计入，“不合格”不计学分)。

四、实习成绩汇总表

动物医学专业本科生规模化农场实习成绩汇总表(样表)

序号	姓名	学号	实习单位	起止时间	带队导师	实习成绩

五、优秀实习生推荐表

动物医学专业本科生规模化农场优秀实习生推荐表(样表)

<table>
<tr><td>学号</td><td></td><td>姓名</td><td></td><td>性别</td><td></td></tr>
<tr><td colspan="2">实习单位</td><td colspan="4"></td></tr>
<tr><td>推荐理由</td><td colspan="5"></td></tr>
<tr><td>评议组评语及意见</td><td colspan="5">评议组组长签名
年　月　日</td></tr>
<tr><td>学院意见</td><td colspan="5">盖章：
年　月　日</td></tr>
</table>

六、优秀实习生推荐汇总表

动物医学专业本科生规模化农场优秀实习生推荐汇总表(样表)

序号	姓名	学号	带队导师	实习成绩
总人数			推荐优秀实习生数	

七、优秀实习生评选办法

根据学生在实习过程中的表现、实习报告完成情况、实习汇报 PPT 展示情况等进行综合评价，选出能够完成实习大纲规定全部内容、实习报告材料丰富、对实习内容能够进行全面系统的总结，能够运用学过的理论对某些问题加以深入分析，并能提出自己见解，PPT 展示时能够比较圆满地回答问题，实习中表现优秀的本科生作为优秀实习生。

八、实习答辩成绩记录表

动物医学专业本科生规模化农场实习答辩成绩记录表(样表)

学生姓名： 学号：

评定项目	评定内容	考核结果			备注
		优秀	合格	不合格	
口头表达	口头表述的逻辑性与清晰度 收获心得体会与建议				
实践相关问题回答	专业知识掌握情况				
PPT 制作	汇报 PPT 的制作水平				
总成绩		□ 优秀 □ 合格 □ 不合格			
具体评价意见：(请写出明确、具体、详细的评审意见) 评定小组成员(签字)： 年 月 日					

注：优秀率不得超过参加考核总人数的 20%。考核结果将计入本科成绩单和 GPA(“优秀”按 90 分计入，“合格”按 80 分计入，“不合格”不计学分)。

九、实习答辩成绩汇总表

动物医学专业本科生规模化农场实习答辩成绩汇总表(样表)

序号	姓名	学号	答辩成绩

十、实习综合成绩记录表

动物医学专业本科生规模化农场实习综合成绩记录表(样表)

<table>
<tr><td>学号</td><td></td><td>姓名</td><td></td><td>班级</td><td colspan="2"></td></tr>
<tr><td colspan="2">实习单位</td><td colspan="5"></td></tr>
<tr><td>实习相关内容</td><td colspan="6"></td></tr>
<tr><td>现场答辩情况</td><td colspan="6"></td></tr>
<tr><td rowspan="3">分数</td><td colspan="2">实习报告内容及表现(60%)</td><td colspan="2">现场答辩(40%)</td><td colspan="2">总分</td></tr>
<tr><td colspan="2"></td><td colspan="2"></td><td colspan="2"></td></tr>
<tr><td colspan="2"></td><td colspan="2"></td><td colspan="2"></td></tr>
</table>

十一、实习综合成绩汇总表

动物医学专业本科生规模化农场实习综合成绩汇总表(样表)

序号	姓名	学号	实习成绩	答辩成绩	综合成绩